五笔
就这么简单！

◎ 孤岛国王　编著

清华大学出版社
北京

内容简介

本书以不难的学习方法，讲述学习五笔字型。

本书以“五笔字型拆分的两种方法”、“五笔字型拆分时要注意的三条原则”，以《百家姓》为例，介绍了约400个字的输入方法，指导初学者入门五笔字型。

本书还介绍了若干五笔字型录入的窍门，以及新造词和造新字的方法。

本书适合学习五笔字型的初学者。

图书在版编目（CIP）数据

五笔就这么简单！/孤岛国王编著. —北京：清华大学出版社，2014(2024.1重印)
ISBN 978-7-302-35019-4

I. ①五… II. ①孤… III. ①五笔字型输入法—基本知识 IV. ①TP391.14

中国版本图书馆 CIP 数据核字（2014）第 006755 号

责任编辑：杨如林
封面设计：张　洁
责任校对：徐俊伟
责任印制：沈　露
出版发行：清华大学出版社
网　　址：https://www.tup.com.cn，https://www.wqxuetang.com
地　　址：北京清华大学学研大厦A座　**邮　　编：**100084
社 总 机：010-83470000　**邮　　购：**010-62786544
投稿与读者服务：010-62776969，c-service@tup.tsinghua.edu.cn
质量反馈：010-62772015，zhiliang@tup.tsinghua.edu.cn
印 装 者：天津鑫丰华印务有限公司
经　　销：全国新华书店
开　　本：140mm×203mm　**印　张：**4.5　**字　数：**121 千字
版　　次：2014 年 4 月第 1 版　**印　次：**2024 年 1 月第19次印刷
定　　价：12.00 元

产品编号：051824-01

前 言

回忆自己学习五笔字型，那还是 20 世纪 80 年代的事了。

看到图书市场已经有不少有关五笔字型的教材，我一直也没有自己写一本的念头。直到有一天出版社的编辑和我聊起写书的事，我才鼓起勇气决定自己也写一本。

学了五笔字型，确实感觉到在电脑上录入汉字方便多了，速度也快多了。所以把自己的学习心得公布给读者，也算做一件善事。为什么这样说呢，是因为最近我随便翻过几本类似的图书，讲得都不错，但是不足之处，一是讲得乏味，二是学习心得提得太少。本人才疏学浅，要解决以上这两个问题，首先从《百家姓》（按顺序选取了 408 个字）下功夫，这样做，不管怎样，让初学者先学会输入自己的姓，总是一件快事吧；然后把自己在录入过程中经常遇到的问题，以及解决的窍门“坦白”出来，我想，这一定是初学者渴望得到的内容。于是构思了本书的“五笔字型拆分的两种方法”与“五笔字型拆分时要注意的三条原则”。应该说，初学者学习了这两种方法后，就基本学会了五笔字型，而掌握了三条原则后就能比较熟练地录入汉字了。当然以上的例子都是以《百家姓》的姓为例子的。

出版社的编辑看了我写的初稿后，帮我想了这个书名（《五笔就这么简单！》，实际上，五笔指“五笔字型”、“五笔划”和“五笔数码”等输入法，但后两种使用的人很少，所以现在大家都把“五笔”作为“五笔字型”的简称了）。五笔其实真的“并不难”，之所以不少人觉得难，是因为没找到更合适的自学教程，同时也是因为这些人没有细心钻研。本书的出版，我相信会给广大读者一个满意的答案。

书中除了详细讲述上百个姓的录入方法，还利用不少篇幅讲述了一些窍门。例如，“偏旁、典型字”录入方法，初学者熟悉这些内容后，会大大提高录入速度；本书还介绍了“自创词组”和“造字”的内容，相信这些内容对广大读者会有很大帮助的。

我在学习五笔字型时，当时老师把录入速度定为四个级别，特级（每分钟 200 个汉字以上）、A 级（每分钟 120 个汉字以上）、B 级（每分钟 80 个汉字以上）和 C 级（每分钟 50 个汉字以上）。因为当时的拼音输入方法还很不成熟，所以对 B、C 级的要求确实不高。这里提供的标准仅供参考，同时也是希望初学者学习完本书，再练习不长的一段时间后，录入汉字的速度比用拼音录入速度快就达到目的了。

本人在写作过程中得到很多朋友的帮助，在图书出版之际，表示万分的感谢。书中的一些不当之处，敬请读者指证。

孤岛国王

目录

第 1 章　初识五笔字型

五笔字型是王永民先生潜心研究出来的，它是一种在电脑上快速输入汉字的方法。王先生 1986 年推出的五笔字型输入法简称是“86 版”，1998 年推出的版本简称是“98 版”。这两个版本比较起来，“98 版”拆分汉字的方法，以及字根在键盘上的分布更加科学。但是令人遗憾的是，在笔者认识的众多录入工作人员中，还未遇到使用“98 版”的。这可能是因为“86 版”已经深入人心，广为流传。因此本书也仅讲述“86 版”的输入方法。

本章学习要点

√ 学习五笔字型的意义
√ 启动五笔字型的方法
√ 尝试使用五笔字型录入汉字

1.1　学习五笔字型的意义

本书不再讲述在 Word 或其他软件中对汉字的编辑方法，因为用汉语拼音输入汉字实在是太简单，绝大多数读者都会用拼音输入汉字，并已掌握一些常用的编辑方法，所以本书为节省篇幅就“单刀直入”五笔字型了。

既然用汉语拼音输入法，也可以方便地输入汉字，为什么还要学习五笔字型呢？

笔者认为有两个原因：一是，使用五笔字型的输入方法，录入速度非常快。有两位在 QQ 聊天的快手，做了如下的比较，她们同时录入一篇文章（如下），用汉语拼音录入的速度是 2 分钟 151 个；而用五笔字型的录入速度是 2 分钟 218 个。要指出的是，她们都不是专业录入员，只是经常利用电脑工作而已。二是，用汉语拼音录入汉字时，一旦出错，在校对时不容易发现，比如，将“帐”误录为“账”，稍不仔细，很难发现；而用五笔字型录入，一旦有错，很可能是非常可笑的错误，很容易发现，比如，将“浪”误录为“小魔女”，等等。

但是用五笔字型录入汉字的一个最大缺点是，输入者必须要会写这个字，否则无法拆分汉字，也导致无法录入。目前很多用五笔字型的人，都是专业录入工作者，只要会写这个字就可以了。因为会写，就会拆分，会拆分就会输入汉字。

而用汉语拼音录入汉字的一个最大缺点是，必须会读出这个字的音来，否则无法录入。

以下这段文字（138 个字符）是测试你的汉字录入速度的，先用拼音输入法录入，记下录入的完成时间。文字中没有生僻字，但也不是前后连贯的，这是笔者故意选用的。

笔者测试了办公室的两个小女生，甲女用拼音录入的完成时间是3分09秒；乙女用五笔字型录入的完成时间是1分55秒。当然她们录入的结果是不允许有错误的。

举头望明月，低头写作业。众里寻她千百度，她在云南住。不知所以然，还是吃顿火锅解解馋。他是和平的使者，他更是环保的卫士。从不祈求生财，也不想当官，一介平民百姓，安安稳稳有何不好？人造卫星发射升天时，索梅正在雷达观测站的屏幕前工作。纳米技术的确很深奥，石墨烯将来的用途可能更广泛。

以上屡次提到的“拆字”，将在第2章详细讲述。而这小段供测试的文字，也只供读者自己锻炼之用，不是说学习完本书，就能达到每分钟录入100多个字的速度，而只是希望熟练掌握五笔字型输入方法后，录入速度能比用汉语拼音输入快就可以了。

1.2 启动五笔字型的方法

现在我们打开一个文字输入软件，无论是Word还是Excel，还是在电子邮件中，只要打开五笔字型的输入法就可以用五笔字型输入汉字了。在学习五笔字型输入法之前，我们先详细了解一下五笔字型输入法的基本界面。

如果你确认在电脑里装有五笔字型输入法软件，可以用如下的两种方法把五笔字型调出来。比如：

- 用Shift和Ctrl键。方法是用食指压住Shift键，同时用拇指点摁Ctrl键。连续若干次，直到在电脑屏幕左下方出现

图 1–1，就可以了。

图 1-1　“86 版”五笔字型输入法

- 用鼠标单击电脑屏幕右下方的“显示语言栏”，如图 1–2 所示，再用鼠标单击五笔字型输入方法，如图书 1–3 的“王码五笔型输入法 86 版”。

图 1-2　“显示语言”图标

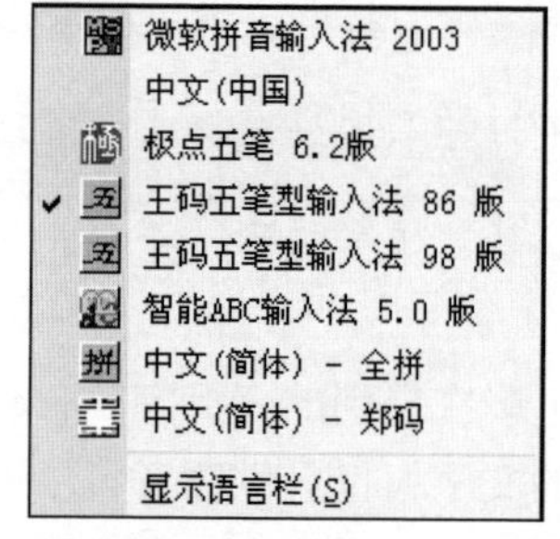

图 1-3　王码五笔字型输入法“86 版”

需要说明的是，每台电脑所装的系统版本不一样，软件也不一样，甚至五笔字型的版本也不一样，因此显示出来的界面也不一定完全相同，所以以上涉及的界面仅供参考。

我们以“王码五笔型输入法 86 版”为例（请参考图 1-1），详细介绍它的作用。

单击后，切换汉字或英文，当标识为时，输入的是汉字；单击后标识为，输入的则是英文字母。

右击五笔型后，出现“帮助”、“版本信息”、“手工造词”及“设置”。其中前两项读者可以自己了解，后两项将在第 3 章具体讲述。

单击或后，输入的英文字间距（疏松）不一样。如“s

o n g s h u”、“songshu”。需要指出的是，这一方法只对英文字符、标点和符号起作用。

单击“或·,后，可以切换输入的标点符号为“全角”或“半角”。如“总之，这样……”和“总之,这样^”。其中，在“状态下，按下 Shift 键的同时，再按“6”键，得到“……”，而在·,状态下，按下 Shift 键的同时，再按“6”键，得到的是“^”。其他标点符号的录入，读者可以自己尝试。

单击图标，在电脑屏幕右下方，出现一个虚拟键盘，用鼠标单击其字符键，其作用与我们敲键盘作用是一样的。不过用处不大，没多少人用到此项功能。如果再次单击图标，则恢复到正常使用键盘的状态。

1.3 尝试使用五笔字型录入汉字

大体上讲，当前在电脑上录入汉字的方法有两大类：一种用“音码”，另一种是用“形码”。顾名思义，音码是利用汉语拼音录入，而五笔字型是“形码”，就是根据字形来录入汉字。利用五笔字型录入汉字之所以快，是因为一个汉字，最多只需要敲四下键盘，而一些多字的词组也仅需四下。例如，“省”，只要键入 ITHF 即可，而“省市”，也只需键入 ITYM 就可以了。更有甚者，像“新疆维吾尔自治区”八个字词组，也只要键入 UXXA 即可。1.1 节例子中的“爱因斯坦”，也只需键入 ELAF 即可。

第 1.2 节讲述的知识中，在 Word 或其他办公软件下，调出五笔型，就可以用五笔字型输入汉字了。例如，可以键入 KDUI（嘹）YPMB（亮）R（空格）❶（的）SKFN（歌声），

❶ “（空格）”是指按空格键。

此时应该在光标的位置上出现“嘹亮的歌声”。

读者录入了以上五个字,一定会感受到使用五笔字型的快乐。但是为什么要键入如上的字符键，而不是其他字符键呢？这才是学习五笔字型的关键所在。

王永民先生把国家一二级汉字字库所包括的所有汉字，都做了细致的拆分，把分散的、被拆分出来的部分，分布在电脑键盘上的 25 个英文字母键上（Z 键除外），而这些分解的“肢体”，在五笔字型的专业术语中，称为“字根”。五笔字型就是利用这些字根组合成所有的汉字（6758 个）。

如图 1-4 就是这些字根的分布。如刚才录入的“嘹”字，是由如下的字根“口”、“大”、“丷”、“曰”、“小”组成的。从图 1-4 可以看到这些字根分布在 KDUJI 上，但在录入时没有用到 J 键。“亮”字是由如下的字根“亠”、“冖”、“几”组成的，可以看到这些字根分别在 YPM 上，但又加了一个 B 键。“的”字是由“白”、“勹”、“、”组成的，可以看到这些字根分别在 RQY 上，但我们用更简单的方法，只键入 R 键，就可以录入“的”字。“歌声”作为一个词组，我们只需拆分每个字的前两个字根，如，“歌”字的前两个字根是“丁”、“口”；“声”字是由如下的字根组成的“士”、“尸”，可以看到这些字根分别在 SKFN 上。

以上的例子可以简单地说明大多数汉字是可以拆分的，而如上提到的“但……”，就是我们要学习拆分的方法和原则。只有熟练地掌握了汉字的拆分方法，才能熟练利用五笔字型输入汉字。

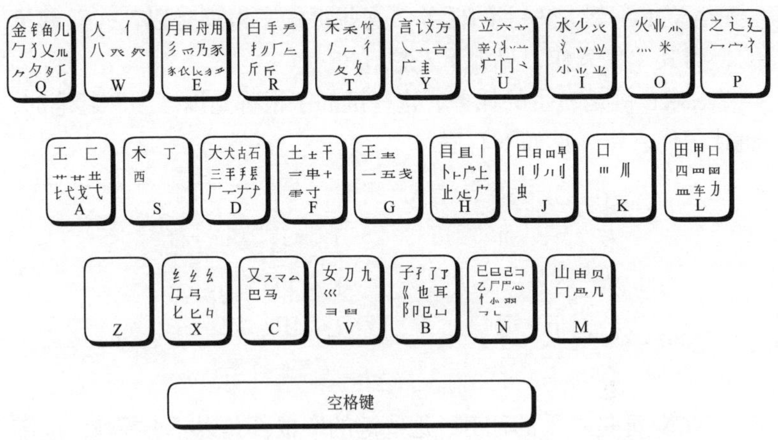

图 1-4 字根分布图

要熟记图 1-4 中每个字根的位置(建议初学者将封面的图 1-4 剪下来，供练习使用)，第 2 章还要详细讲述这些字根的作用。为加深记忆，2.3 节还专门训练初学者牢记字根的位置。

记字根的窍门是先按标准打字的姿势训练。如：

QWERT 键是左手的任务，这些键的字根都是以“丿”起笔的，而其“代表作”见如下左栏。

YUIOP 键是右手的任务，这些键的字根都是以“丶”起笔的，而其“代表作”见如下右栏。

Q 钅 鱼 儿	Y 讠 文 方 亠
W 人 八 癶	U 立 冫 疒 门
E 月 彡 𧘇	I 水 氵 ⺍ 小
R 白 手 斤	O 火 业 米 灬
T 竹 彳 夂	P 辶 宀 礻

ASDFG 键是左手的任务，这些键的字根都是以“一”起笔的，而其“代表作”见如下左栏。

HJKL 键是右手的任务，这些键的字根都是以“丨”起笔的，而其“代表作”见如下右栏。

A 工 艹 弋 S 木 丁 西 D 大 三 厂 F 土 十 寸 G 一 王 五	H 目 上 J 日 刂 虫 K 口 川 L 田 四 车 力

XCV 键是左手的任务，这些键的字根都是以“小拐弯”起笔的，而其“代表作”见如下左栏。

BNM 键是右手的任务，这些键的字根都是以“大拐弯”起笔的，而其“代表作”见如下右栏。

X 纟 彑 匕 C 又 巴 马 V 女 刀 臼	B 子 也 耳 N 已 乙 忄 M 山 贝 冎

第一步，记住以上这些较典型的字根分布；第二步，要联想其他一些字根。比如，I 键要求记住“水、氵、⺌、小”，从而联想到如下字根。

水——氺 氵 ⺌——⺍ 业 业	小——少

其他各键上的字根，请大家也用联想的方法记牢。不过现在记不住也无大碍，第 2 章还要再详细讲解，初学者可以边学边记。

第2章　五笔字型输入法的方法和原则

根据 1.3 节的讲述，大多数汉字是可以拆分的，而拆分也是有方法和原则的，不能随意乱拆，也不能没有原则乱用字根组字。本章就五笔字型输入法的基本方法和原则进行详细叙述。

用五笔字型输入汉字，貌似很复杂，其实掌握了 2.1 节的内容，就等于学会了 87 个汉字的输入方法；而掌握了 2.2 节的两种方法后，原则上说可以输入所有的汉字了；如果熟悉了穿插在本章中多次提到的三条拆分原则，就可以比较熟练地录入汉字了。

本章学习要点

√ 五笔字型输入法的前奏
√ 五笔字型输入法规定的两种用法
√ 五笔字型输入法的原则
√ 五笔字型的拆分组字方法

2

2.1 五笔字型输入法的前奏

第 1 章简单介绍了字根，本节详细讲述字根的用法。从图 1-4 可以看出字根分三种：

一是**键名字**。字符键上的第一个完整的汉字，但它也可作为一个字根，称之为“键名字”。如，Q 键上的“金”字，W 键上的“人”字。它的特点是，其位置在字符键上的左上角，而且字号比较大，位于第一个。

二是**成字字根**。本身又是一个完整的汉字，同时也是一个字根，但它排在键名字的后面，称之为“成字字根字”。如，Q 键上的“儿”等，W 键上的“八”等，共有 60 多个。它的特点是，本身是一个字，但其位置不在字符键上的左上角，而且字号比键名字小。

三是**字根**。除以上提的两种特殊字或字根以外，其余的都是字根。如，I 键上的“氵”，O 键上的“灬”，U 键上的“疒”等。绝大多数的汉字输入，都需要用到这些字根。这是本章 2.2 节以后要详细讲解的内容。

输入键名字时，只要连续键入四次代表该字的键符键就可输入。

如，连续键入四次 Q 键，输入的是“金”字；连续键入四次 W 键，输入的是“人”字。

这 24 个键名字的输入，请读者自己尝试。Z 键和 X 键没有成字。注意，如果连续四次击键，而不用空格键，那么如下的这些字是连在一起的，中间没有空格。

金	人	月	白	禾	言	立	水	火	之	工	木
大	土	王	目	日	口	田	又	女	子	已	山

成字根字的输入方法：从图 1-4 可以看到这样的字根字有 60

多个，它们的输入方法与大多数汉字的输入方法不同，好在字不多，也容易掌握，所以我们先学习这些字的输入方法。

输入成字字根时，应先键入代表该字的字符键，再按书写的顺序，依次键入代表各笔画的字符键。如果不够四个键符，以空格键补充；如果超过四个键，则最后一个键符应该是该字的最后一个笔画。可以记住如下的公式：

（代表该字的）键名码+首笔码+次笔码+末笔码

如果成字字根只有两笔，则：

（代表该字的）键名码+首笔码+次笔码+空格

如，“西”字的输入，从图 1-4 查到它是成字字根，分布在 S 键上，根据公式，应先键入 S 键，再按笔画依次键入。“西”字的笔画是：“一”、“丨”、“乙”、“丿”、“丶”和“一”。可以看出“西”字是六画，按顺序应键入代表它们笔画的前两个字符键和最后一个字符键：“一”、“丨”和“一”。这样“西”字的输入方法就是 SGHG。

再如，“儿”字的输入，从图 1-4 查到它是成字字根，在 M 键上，根据公式，应先键入 M 键，再按笔画依次键入。“儿”字的笔画是：“丿”、“乙”，于是应键入代表它们笔画的字符键 T 和 N。因为不够四个键符，所以最后用空格键补充。这样“儿”字的输入方法就是 MTN（空格）。

根据如上介绍的成字字根的输入方法，请尝试输入五笔字型的所有成字字根。

儿 八 用 乃 手 斤 竹 文 方 广 六 辛

门 小 米 七 弋 戈 丁 西 犬 古 石 三

士	干	二	十	雨	寸	一	五	卜	上	止	曰
早	虫	川	甲	四	皿	车	力	弓	匕	巴	马
刀	九	白	了	也	耳	己	巳	乙	尸	心	羽
由	贝	几									

利用五笔字型输入汉字时，要用到大量的字根，或者说如上提到的字根，是大量汉字的组成结构，因此学习五笔字型，首先要掌握这些字根，下一节专门介绍这些字根。

2.2 五笔字型输入法规定的两种方法

在 2.1 节介绍的键名字根成字字根，只是提到了字根，并未详细讨论。本节在详细讨论的同时，介绍大多数汉字的输入方法。

从图 1-4 可以知道，除了键名字根和成字字根外，其他的都是字根。严格来说，成字字根也是字根，只不过它的输入方法是特殊的。而任何一个汉字都可以按五笔字型规定的字根组合，但五笔字型输入法最多只需要四个字根，于是就规定了如下两种方法。

方法一：某一汉字可以拆成多于或刚好等于四个字根时，五笔字型只需要前三个和最后一个。

例如，在 1.3 节提到的“嘹”字，是由如下的字根组成“口”、“大”、“丷”、“曰”、“小”组成的，按照方法一，只取第一、二、三个和最后一个，即“口”、“大”、“丷”和“小”。于是键入代表这四个字根的字符键 KDUI 即可。

又例如，“锦”字，正好可以拆成四个字根：“钅”、“白”、“冂”和“|”，于是按顺序键入代表这四个字根的字符键，即：QRMH。

方法二：某一汉字只能拆成不足四个字根时，应按顺序输入字根，再根据该汉字的结构，键入识别码。如果加了识别码，还不够四个字根，则以空格键补充结束。

所谓识别码，就是首先观察不足四个字根的汉字是“左右”、“上下”结构，还是“复合”结构，然后根据该字的末笔画是“撇”、“捺”、“横”、“竖”还是“折”选择规定的英文字符。

这些识别码列在表 2-1。

表 2-1　识别码

	左右	上下	复合	识别码在键盘上的位置
撇	T	R	E	左手第一排
捺	Y	U	I	右手第一排
横	G	F	D	左手第二排
竖	H	J	K	右手第二排
折	N	B	V	左右手第三排

识别码一共 15 个，看起来比较多，不易记住。但如果掌握了规律，也不是件难事。例如，初学者记住“左右、上下、复合”及“撇捺横竖折”的顺序即可，而相应的识别码正好在键盘第一、二、三排左手和右手位上。例如，“撇”在左手的第一排，相应的字符键在食指和中指上；“捺”在右手的第一排，相应的字符键在食指和中指上；“横”在键盘第二排，相应的字符键在食指和中指上；“竖”在键盘第二排，相应的字符键在食指、中指和无名指上；“折”在键盘第三排，相应的字符键在左、右手食指上。

下面举 15 个例子分别讲述 15 个识别码的应用。

- **“杉”**字，它是由两个字根组成的：“木”、“彡”。不足四个字根，根据方法二，应该加入识别码。“杉”字是“左右型”结构，最后一笔是“撇”，查表 2-1，应键入 T，但仍不足四键，所以最后必须以空格补充。这样“杉”的输入应该是 SET（空格）。

- **“放”**字，它是由两个字根组成的：“方”、“攵”。不足四个字根，根据方法二，应该加入识别码。“放”字是“左右型”结构，最后一笔是“捺”，查表 2-1，应键入 Y，但仍不足四键，所以最后必须以空格补充。这样“放”的输入应该是 YTY（空格）。
- **“倡”**字，它是由三个字根组成的：“亻”、“日”、“日”。不足四个字根，根据方法二，应该加入识别码。“倡”字是“左右型”结构，最后一笔是“横”，查表 2-1，应键入 G，这样“倡”的输入应该是 WJJG。
- **“钏”**字，它是由两个字根组成的：“钅”、“川”。不足四个字根，根据方法二，应该加入识别码。“钏”字是“左右型”结构，最后一笔是“竖”，查表 2-1，应键入 H，但仍不足四键，所以最后必须以空格补充。这样“钏”的输入应该是 QKH（空格）。
- **“沦”**字，它是由三个字根组成的：“氵”、“人”、“匕”。不足四个字根，根据方法二，应该加入识别码。“沦”字是“左右型”结构，最后一笔是“折”，查表 2-1，应键入 N，这样“沦”的输入应该是 IWXN。这里提前解释一下，表 2-1 的“折”是一个广泛的意义，实际上带“弯”的都可算是折。
- **“参”**字，它是由三个字根组成的：“厶”、“大”、“彡”。不足四个字根，根据方法二，应该加入识别码。“参”字是“上下型”结构，最后一笔是“撇”，查表 2-1，应键入 R。这样“参”的输入应该是 CDER。

- **"冬"**字，它是由两个字根组成的："夂"、"⺀"。不足四个字根，根据方法二，应该加入识别码。"冬"字是"上下型"结构，最后一笔是"捺"，查表2-1，应键入U。但仍不足四键，所以最后必须以空格补充。这样"冬"的输入应该是TUU（空格）。
- **"宫"**字，它是由三个字根组成的："宀"、"口"、"口"。不足四个字根，根据方法二，应该加入识别码。"宫"字是"上下型"结构，最后一笔是"横"，查表2-1，应键入F。这样"宫"的输入应该是PKKF。
- **"罚"**字，它是由三个字根组成的："罒"、"讠"、"刂"。不足四个字根，根据方法二，应该加入识别码。"罚"字是"上下型"结构，最后一笔是"竖"，查表2-1，应键入J，这样"罚"的输入应该是LYJJ。这里提前解释一下，表2-1的"竖"是一个广泛的意义，实际上"竖勾"也是"竖"。
- **"壳"**字，它是由三个字根组成的："士"、"冖"、"几"。不足四个字根，根据方法二，应该加入识别码。"壳"字是"上下型"结构，最后一笔是"折"，查表2-1，应键入B。这样"壳"的输入应该是FPMB。
- **"团"**字，它是由三个字根组成的："口"、"十"、"丿"。不足四个字根，根据方法二，应该加入识别码。"团"字是"复合型"结构，最后一笔是"撇"，查表2-1，应键入E。这样"团"的输入应该是LFTE。
- **"麻"**字，它是由三个字根组成的："广"、"木"、"木"。不足四个字根，根据方法二，应该加入识别码。"麻"字是"复合型"结构，最后一笔是"捺"，查表2-1，应键入I。这样"麻"的输入应该是YSSI。

- **“闰”**字，它是由两个字根组成的：“门”、“王”。不足四个字根，根据方法二，应该加入识别码。“闰”字是“复合型”结构，最后一笔是“横”，查表 2-1，应键入 D，但仍不足四键，所以最后必须以空格补充。这样“闰”的输入应该是 UGD（空格）。
- **“聿”**字，它是由三个字根组成的：“彐”、“二”、“丨”。不足四个字根，根据方法二，应该加入识别码。“聿”字是“复合型”结构，最后一笔是“竖”，查表 2-1，应键入 K。这样“聿”的输入应该是 VFHK。
- **“电”**字，它是由两个字根组成的：“日”、“乚“。不足四个字根，根据方法二，应该加入识别码。“电”字是“复合型”结构，最后一笔是“折”，查表 2-1，应键入 V，但仍不足四键，所以最后必须以空格补充。这样“电”的输入应该是 JNV（空格）。

2.3 字根分布的练习

通过以上的两种方法，以及在 2.1 节所学的内容，可以说五笔字型的输入方法已经学完了。但是初学者一定对字根的分布还不熟练，本节为此专门安排了让初学者对各字符键上字根进行的练习。

以下按键盘的分布顺序练习。

Q 金钅鱼儿勹犭乂⺃𠂊夕⺈厂	金	金	QQQQ
		鑫	QQQF
	钅	钣	QRCY
		错	QAJG
	鱼	渔	IQGG
		鲸	QGYI

键位	字根	汉字	编码
Q	儿	儿	QTN（空格）
		规	FWMQ
	勹	勹	QYI（空格）
		鸟	QYNG
	犭	狗	QTQK
		狙	QTEG
	乂	仪	WYQY
		义	YQI（空格）
	儿	侃	WKQN
		流	IYCQ
	⺈	称	TQIY
		急	QVNU
	夕	夕	QTNY
		多	QQU（空格）
	夕	炙	QOU（空格）
		然	QDOU
	𠂆	乐	QII（空格）
		印	QGBH

键位	字根	汉字	编码
W	人	人	WWWW
		价	WWJH
	亻	作	WTHF
		估	WDG（空格）
	八	八	WTY（空格）
		爸	WQCB
	癶	登	WGKU
		葵	AWGD

键位	字根	例字	编码
	癶	蔡	AWFI
		祭	WFIU
E 月目舟用 彡爫乃豕 豕𧘇[illegible][illegible]	月	月	EEEE
		明	JEG（空格）
	目	且	EGD（空格）
		助	EGLN
	舟	航	TEYM
		舟	TEI（空格）
	用	用	ETNH
		佣	WEH（空格）
	彡	形	GAET
		彰	UJET
	爫	乳	EBNN
		荽	AEVF
	乃	乃	ETN（空格）
		及	EYI（空格）
	豕	家	PEU（空格）
		蕤	AETG
	豕	象	QJEU
		豫	CBQE
	𧘇	装	UFYE
		衷	YKHE
	[illegible]	良	YVEI
		垠	FVEY
	[illegible]	藐	AEEQ

	豸	豹	EEQY
		貌	EERQ

R 白 手 龵 扌 ⺁ 厂 𠂉 斤 斤	白	白	RRRR
		伯	WRG（空格）
	手	手	RTGH
		掰	RWVR
	龵	看	RHF（空格）
		湃	IRDF
	扌	护	RYNT
		物	TRQR
	⺁	刎	QRJH
		扬	RNRT
	厂	反	RCI（空格）
		卮	RGBV
	𠂉	年	RHFK
		秩	TRWY
	斤	斤	RTTH
		拆	RRYY
	斤	丘	RGD（空格）
		宾	PRGW
T 禾 禾 竹 丿 𠂉 彳 夂 攵	禾	禾	TTTT
		季	TBF（空格）
	竹	竹	TTGH
	⺮	箍	TRAH

键位	字根	例字	编码
T 禾 ⿱一木 竹 丿 𠂉 彳 夂 攵	丿	生	TGD（空格）
		壬	TFD（空格）
	𠂉	作	WTHF
		晦	JTXU
	彳	很	TVEY
		征	TGHG
	夂	各	TKF（空格）
		唆	KCWT
	攵	教	FTBT
		敞	IMKT

键位	字根	例字	编码
Y 言 讠 文 方 丶 亠 ⿱亠口 广 主	言	言	YYYY
		信	WYG（空格）
	讠	说	YUKQ
		狱	QTYD
	文	文	YYGY
		刘	YJH（空格）
	方	方	YYGN
		芳	AYB（空格）
	丶	为	YLYI
		叉	CYI（空格）
	亠	充	YCQB
		亡	YNV（空格）
	⿱亠口	京	YIU（空格）
		亮	YPMB
	广	广	YYGT

	广	床	YSI（空格）
	讠	维	XWYG
		催	WMWY

U	立	立	UUUU
		意	UJNU
	六	六	UYGY
		较	LUQY
	立	旁	UPYB
		谛	YUPH
	辛	辛	UYGH
		辩	UYUH
	冫	习	NUD（空格）
		况	UKQ（空格）
	丬	蒋	AUQF
		浆	UQSU
	丷	僧	WULJ
		美	UGDU
	䒑	兼	UVOU
		普	UOGJ
	疒	病	UGMW
		瘟	UJLD
	门	门	UYHN
		间	UJD（空格）
	冫	初	PUVN
		头	UDI（空格）

键位	字根	例字	编码
I 水 少 ⺍ 氵 ⺍ 业 小 ⺌ ⺌	水	水	IIII
		沓	IJF（空格）
	少	频	HIDM
		濒	IHIM
	><	求	FIYI
		脊	IWEF
	氵	法	IFCY
		涛	IDTF
	⺍	学	IPBG
		黉	IPAW
	业	应	YID（空格）
		荃	AWGI
	小	小	IHTY
		粽	OPFI
	⺌	当	IVF（空格）
		党	IPKQ
	⺌	光	IQB（空格）
		恍	NIQN

键位	字根	例字	编码
O 火 业 亦 灬 米	火	火	OOOO
		淡	IOOY
	业	业	OGD（空格）
		亚	GOG（空格）
	亦	变	YOC（空格）
		脔	YOMW
	灬	烈	GQJO
		点	HKOU

键位	字根	汉字	编码
	米	米	OYTY
		来	GOI（空格）

键位	字根	汉字	编码
P 之辶廴 冖宀礻 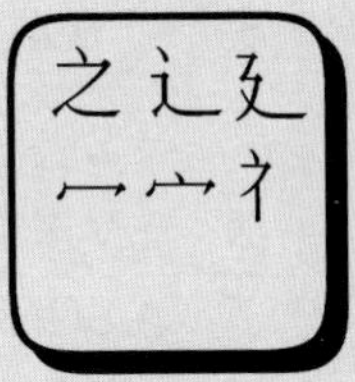	之	之	PPPP
		芝	APU（空格）
	辶	逛	QTGP
		达	DPI（空格）
	廴	庭	YTFP
		建	VFHP
	冖	冠	PFQF
		冥	PJUU
	宀	室	PGCF
		窄	PWTF
	礻	礼	PYNN
		袖	PUMG

键位	字根	汉字	编码
A 工 匚 艹 卄 龷 七弋戈弋 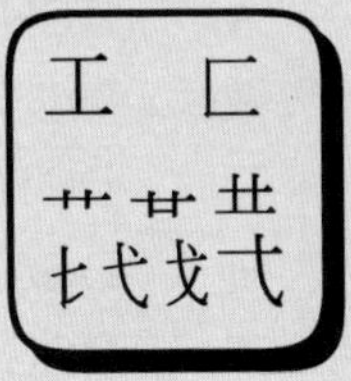	工	工	AAAA
		经	XCAG
	匚	匡	AGD（空格）
		颐	AHKM
	艹	蔽	AUMT
		其	ADWU
	廿	度	YACI
		靶	AFCN
	龷	共	AWU（空格）
		散	AETY
	七	切	AVN（空格）

A

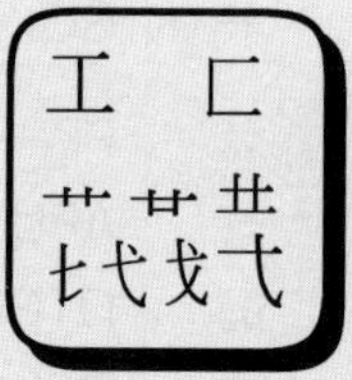

七	长	TAYI
弋	弋	AGNY
	代	WAY（空格）
戈	戈	AGNT
	划	AJH（空格）
弋	邸	QAYB
	底	YQAY

S

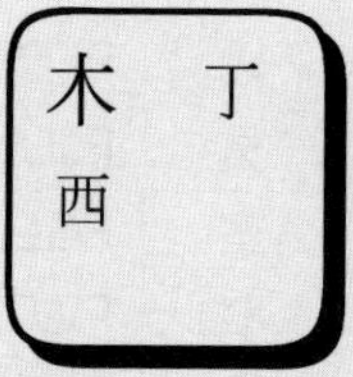

木	木	SSSS
	保	WKSY
丁	丁	SGH（空格）
	钉	QSH（空格）
西	西	SGHG
	酸	SGCT

D

大	大	DDDD
	实	PUDU
犬	犬	DGTY
	伏	WDY（空格）
古	古	DGHG
	做	WDTY
石	石	DGTG
	研	DGAH
三	三	DGGG
	艳	DHQC
	耙	DICN
⺷	羊	UDJ（空格）

D 大犬古石 三手手镸 厂丆ナ尢	𦍌	样	SUDH
	䒑	养	UDYJ
		着	UDHF
	镸	肆	DVFH
		鬃	DEPI
	厂	厂	DGT（空格）
		雁	DWWY
	丆	夏	DHTU
		面	DMJD
	ナ	友	DCU（空格）
		灰	DOU（空格）
	尢	优	WDNN
		尤	DNV

F 土士干 二中十 雨寸	土	土	FFFF
		法	IFCY
	士	士	FGHG
		桔	SFKG
	干	干	FGGH
		旱	JFJ（空格）
	二	二	FGG（空格）
		违	FNHP
	中	革	AFJ（空格）
		鞘	AFIE
	十	十	FGH（空格）
		朝	FJEG

键位	字根	例字	编码
	雨	雨	FGHY
		雷	FLF（空格）
	寸	寸	FGHY
		守	PFU（空格）

键位	字根	例字	编码
G 王 龶 一 五 戋	王	王	GGGG
		环	GGIY
	龶	生	TGD（空格）
		傲	WGQT
	一	一	GGLL
		凸	HGMG
	五	五	GGHG
		伍	WGG（空格）
	戋	践	KHGT
		笺	TGR（空格）

键位	字根	例字	编码
H 目 且 丨 卜 ⺊ 广 上 止 龰 虍	目	目	HHHH
		泪	IHG（空格）
	且	具	HWU（空格）
		犋	TRHW
	丨	吊	KMHJ
		津	IVFH
	卜	卜	HHY（空格）
		外	QHY（空格）
	⺊	睿	HPGH
		拈	RHKG
	虍	虎	HAMV

H 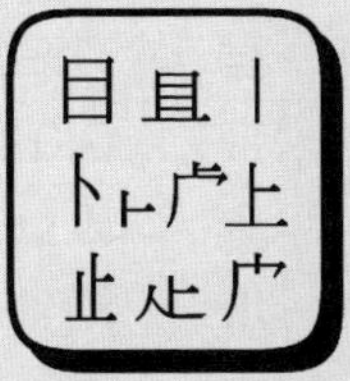目 且 丨 卜 ⺊ 虍 上 止 龰 广	虍	虚	HAOG
	上	上	HHGG
		卡	HHU（空格）
	止	路	KHTK
		整	GKIH
	龰	疑	XTDH
		旋	YTNH
	广	皮	HCI（空格）
		坡	FHCY

J 日 曰 罒 早 〢 刂 丿丨 刂 虫	日	日	JJJJ
		晶	JJJF
	曰	曰	JHNG
		垣	FGJG
	罒	临	JTYJ
		象	QJE（空格）
	早	早	JHNH
		朝	FJEG
	〢	坚	JCFF
		紧	JCXI
	刂	归	JVG（空格）
		帅	JMHH
	丿丨	养	UDYJ
		氟	RNXJ
	刂	到	GCFJ
		创	WBJH
	虫	虫	JHNY

键位	字根	汉字	编码
		强	XKJY
K 口 〣 川	口	口	KKKK
		程	TKGG
	〣	带	GKPH
		滞	IGKH
	川	川	KTHH
		顺	KDMY
L 田 甲 口 四 罒 㓁 皿 车 力	田	田	LLLL
		雷	FLF（空格）
	甲	甲	LHNH
		鸭	LQYG
	口	国	LGYI
		园	LFQV
	四	四	LHNG
		驷	CLG（空格）
	罒	罗	LQU（空格）
		德	TFLN
	㓁	曾	ULJF
		黑	LFOU
	皿	隘	BUWL
		血	TLD（空格）
	车	车	LGNH
		轩	LFH（空格）
	力	力	LTN（空格）
		勤	AKGL

键位	字根	例字	编码
X（纟 纟 幺 ⺟ 弓 匕 匕 ㄣ）	纟	纪	XNN（空格）
		继	XONN
	纟	丝	XXGF
		雍	YXTY
	幺	紧	JCXI
		素	GXIU
	⺟	母	XGUI
		海	ITXU
	弓	弓	XNGN
		拂	RXJH
	匕	叱	KXN（空格）
		化	WXN（空格）
	匕	能	CEXX
		毕	XXFJ
	ㄣ	互	GXGD
		冱	UGXG

键位	字根	例字	编码
C（又 ス マ 厶 巴 马）	又	又	CCCC
		译	YCFH
	ス	经	XCAG
		颈	CADM
	マ	领	WYCM
		令	WYCU
	厶	法	IFCY
		参	CDER
	巴	巴	CNHN

键位	字根	例字	编码
	巴	把	RCN（空格）
	马	马	CNNG
		笃	TCF（空格）

键位	字根	例字	编码
V 女 刀 九 巛 彐 臼	女	女	VVVV
		娥	VTRT
	刀	刀	VNT（空格）
		初	PUVN
	九	九	VTN（空格）
		轨	LVN（空格）
	巛	甾	VLF（空格）
		邕	VKCB
	彐	扫	RVG（空格）
		雪	FVF（空格）
	臼	臼	VTHG
		嫂	VVHC

键位	字根	例字	编码
B 子 孑 了 ㄗ 《 也 耳 阝 卩 巳 凵	子	子	BBBB
		学	IPBF
	孑	孑	BNHG
		孩	BYNW
	了	辽	BPK（空格）
		钉	QBH（空格）
	ㄗ	矛	CBTR
		序	YCBK
	《	粼	OQAB
	也	也	BNHN

B 子 孑 了 ⺓ 《 也 耳 阝 卩 巳 凵	也	他	WBN（空格）
	耳	耳	BGHG
		缉	XKBG
	阝	陆	BFMH
		防	BYN（空格）
	卩	卫	BGD（空格）
		柳	SQTB
	巳	范	AIBB
		卷	UDBB
	凵	出	BMK（空格）
		顿	GBNM

N 已 巳 己 コ 乙 尸 尸 ⺗ 忄 ⺗ 羽 ㇕ ㄴ	已	已	NNNN
		改	NTY（空格）
	巳	撰	RNNW
		异	NAJ（空格）
	己	纪	XNN（空格）
		记	YNN（空格）
	コ	所	RNRH
		假	WNHC
	乙	乙	NNLL
		吃	KTNN
	尸	尸	NNGT
		届	NMD（空格）
	尸	眉	NHD（空格）
		鹛	NHQG
	心	心	NYNY

N 已 巳 己 コ 乙 尸 尸 心 忄 小 羽 乛 乚	心	意	UJNU
	忄	懦	NFDJ
		惧	NHWY
	小	慕	AJDN
		添	IGDN
	羽	羽	NNYG
		翼	NLAW
	乛	违	FNHP
		敢	NBTY
	乚	发	NTCY
		拨	RNTY

M 山 由 贝 冂 冎 几	山	山	MMMM
		仙	WMH(空格)
	由	由	MHNG
		抽	RMG (空格)
	贝	贝	MHNY
		惯	NXFM
	冂	巾	MHK (空格)
		册	MMGD
	冎	滑	IMEG
		髓	MEDP
	几	几	MTN (空格)
		伉	WYMN

2.4 五笔字型的拆分组字方法（一）

根据上一节的内容介绍，读者已经对五笔字型字根的分布有了大概的了解，但是最关键的还是利用这些字根来组字。本节将详细讲述五笔字型的拆分与组合，同时讲述三条拆字的原则。

本节和下一节将用《百家姓》为例，希望读者能在自己的姓中找到拆分组合的乐趣。

本节详细拆分 100 个姓。

赵的字根是："土、龰、乂"，不够四个字根，因为"赵"字是"复合型"结构，最后一笔是"捺"，所以应键入 I。于是正确的输入方法是 FHQI。如果拆成"十、一、龰、乂"的错误是将第一个字根"土"又拆成了"十"和"一"。这个例子说明了拆字的第一条原则：**字根不再拆**。

钱字拆的字根是："钅、戋",不够四个字根，因为"钱"字是"左右型"结构，最后一笔是"撇"，所以应键入 T。目前只有三个字符键，还应以空格键补足。于是正确的输入方法是 QGT（空格）。如果把"戋"拆分成"戈"和"一"就违反了第一条原则。

孙比较好拆，应该没有什么难度。孙字拆的字根是"子、小",不够四个字根，因为"孙"字是"左右型"结构，最后一笔是"捺"，所以应键 Y。目前只有三个字符键，还应以空格键再补。于是正确的输入方法是 BIY（空格）。

李字拆的字根是："木、子"，不够四个字根，因为"李"字是"上下型"结构，最后一笔是"横"，所以应键入 F。目前只有三个字符键，还应以空格键再补。于是正确的输入方法是 SBF（空格）。如果拆成“十、八、了、一”的错误是将第一个字根“木”错误地又拆成“十”和“八”；第二个字根“子”又拆成“了”和“一”。这样的错误，是违反了“字根不再拆”的原则。

周字拆的字根是：“冂、土、口”，不够四个字根，因为“周”字是“复合型”结构，最后一笔是“横”，所以应键 D。于是正确的输入方法是 MFKD。关于“周”字拆分，第一个字根看上去只是与“冂”相像，于是本书在这里又提出第二条原则：**相似则归一**。意思是字根与要录入的汉字的某一部分只要像就可以用。

吴字拆的字根是：“口、一、大”，不够四个字根，因为“吴”字是“上下型”结构，最后一笔是“捺”，所以应键入 U。于是正确的输入方法是 KGDU。如果将第二个和第三个字根“一”和“大”错拆成“二”和“人”的错误是将两个字根交叉了。这个例子说明了拆字的第三条原则：**字根不交叉**。这个原则说明，拆分汉字时，如果还有第二种拆分的方法，那就要看是不是两个字根交叉，如果字根交叉，往往是不正确的拆分方法。不过如果没有更好的拆分方法，则这一原则，也不是一定要遵守的。

以上总结了三条原则，即：

原则一：字根不再拆[1]；

---

[1] 所谓“字根不再拆”多指是按顺序首先遇到的字根不再拆，如“兰”字，可以拆成“丷、二”或“丷、三”，也就是说，先遇到的是“丷”、“丷”而后遇到的是“二”或“三”，于是不可将“丷”拆成“丷、一”。

原则二：相似则归一；

原则三：字根不交叉。

在五笔字型中，这三条原则对汉字的拆分，非常重要。

郑字拆的字根是：“丷、大、阝”，不够四个字根，因为“郑”字是“左右型”结构，最后一笔是“竖”，所以应键入H。于是正确的输入方法是UDBH。如果把“郑”字的第一个字根“丷”拆成“丶丿”和“一”就违反了原则一。

王字是五笔字型的输入方法中的键名字，王字位于G键左上角，根据2.1节的讲述，应该连续键入四次G键，即GGGG。

冯字拆的字根是：“冫、马”，不够四个字根，因为“冯”字是“左右型”结构，最后一笔是“横”，所以应键入G。目前只有三个字符键，还应以空格键再补。于是正确的输入方法是UCG（空格）。

陈字拆的字根是：“阝、七、小”，不够四个字根，因为“陈”字是“左右型”结构，最后一笔是“捺”，所以应键入Y。于是正确的输入方法是BAIY。关于“陈”字拆分，第二个字根看上去与“七”不是完全相像，这正是本章在上述提到的第二条原则：**相似则归一**。

褚字拆的字根是：“礻、⺀、土、丿、日”，多于四个字根，根据2.3节讲述的方法一，五笔字型只能按顺序用前三个字根和最后一个。于是正确的输入方法是PUFJ。对“褚”字的拆分，需要为读者提出两条必须注意的：一是以后遇到“礻”，就键入PU。二是键入了PUFJ后电脑上出现了两个字“1.褚 2.襦”。这叫做“重码”，只要键入相应的数字就可以了。

卫 字拆的字根是：“卩、一”，不够四个字根，因为“卫”字是“复合型”结构，最后一笔是“横”，所以应键入 D。目前只有三个字符键，还应以空格键再补。于是正确的输入方法是 BGD（空格）。“卫”字的第一个字根只是与 B 键“卩”字根相似，这是利用了原则二。

蒋 字拆的字根是：“艹、丬、夕、寸”，正好四个字符键，于是正确的输入方法是 AUQF。“蒋”字看似笔画较多，但是比较好拆，初学者也应该没有太大的难度。

沈 字拆的字根是：“氵、冖、儿”，不够四个字根，因为“沈”字是：“左右型”结构，最后一笔是“弯”，所以应键入 N。于是正确的输入方法是 IPQN。“沈”字的最后一个字根，根据原则二，则应选择 Q 键的“儿”字根。

韩 字拆的字根是：“十、早、二、乙、丨”，多于四个字根，故取前三个和最后一个，于是正确的输入方法是 FJFH。“韩”字的第二个字根“早”如果被拆成“曰、十”，就违反了原则一，字根不再拆。另外，本书常常以字根“乙”代替笔画“折”或“弯”。

杨 字拆的字根是：“木、乙、彡”，不够四个字根，因为“杨”字是“左右型”结构，最后一笔是“撇”，所以应键入 T。于是正确的输入方法是 SNRT。“杨”字的最后一个字根“彡”在 R 键；而字根“彡”在 E 键，请初学者记牢。

朱字拆的字根是：“𠂉、小”，不够四个字根，因为“朱”字是“复合型”结构，最后一笔是“捺”，所以应键入RI。目前只有三个字符键，还应以空格键再补。于是正确的输入方法是RII（空格）。如果把“朱”的第一个字根“𠂉”拆成“𠂊”和“一”，或把“朱”拆成“𠂊”和“木”就违反了原则一。同时可以看出，“朱”字不论怎样拆分，字根都是交叉的，所以原则三只是相对而言。

秦字拆的字根是：“三、人、禾”，不够四个字根，因为“秦”字是“上下型”结构，最后一笔是“捺”，所以应键入U。正好四个字符键，于是正确的输入方法是DWTU。“秦”字的第一个和第二个字根是交叉的，缘由同上。

尤字拆的字根是：“𠂇、乙”，不够四个字根，因为“尤”字是“复合型”结构，最后一笔是“折”，所以应键入V。目前只有三个字符键，还应以空格键再补。于是正确的输入方法是DNV（空格）。如果第一个字根“𠂇”被拆成“𠂇”和“、”就是违反了原则一。

许字拆的字根是：“讠、𠂉、十”，不够四个字根，因为“许”字是“左右型”结构，最后一笔是“竖”，所以应键入H。于是正确的输入方法是YTFH。如果把“许”的右半部分拆成“𠂉“、“丨”的错误是违反了原则三。通过上述几个字的拆分，我们可以了解到原则三是，在允许的条件下，字根不能交叉，如果实在没有更好的办法，字根还是可以交叉的。

何 字拆的字根是：“亻、丁、口”，不够四个字根，因为“何”字是“左右型”结构，最后一笔是“横”，所以应键入 G。于是正确的输入方法是 WSKG。

吕 字拆的字根是：“口、口”，不够四个字根，因为“吕”字是“上下型”结构，最后一笔是“横”，所以应键入 F。目前只有三个字符键，还应以空格键再补。于是正确的输入方法是 KKF（空格）。

施 字拆的字根是：“方、𠂉、也”，不够四个字根，因为“施”字是“左右型”结构，最后一笔是“折”，所以应键入 N。正好四个字符键，于是正确的输入方法是 YTBN。特别指出的是最后一个字根“也”，虽然看上去“笔划”比较多，但它确实是一个字根，不能再拆了。

张 字拆的字根是：“弓、丿、七、丶”，正好四个字符键，正确的输入方法是 XTAY。关于“张”字的拆分，最后一个字根看上去与“丶”不是完全相像，这就用到了上述提到的原则二了。另外提请注意的是“长”字，五笔字型规定的拆分方法是“丿、七、丶”而不是“七、丿、丶”。

孔 字拆的字根是：“子、乙”，不够四个字根，因为“孔”字是“左右型”结构，最后一笔是“折”，所以应键入 N。目前只有三个字符键，还应以空格键再补。于是正确的输入方法是 BNN（空格）。如果把“孔”字的第一个字根“子”拆成“了”和“一”就违反了原则一。另外要说明的是，在五笔字型中，应把“提横”当作“横”。

曹字拆的字根是：“一、冂、艹、一、日”，多于四个字根，按方法一的讲述，我们按顺序只取前三个和最后一个，则是“一、冂、艹、日”。于是正确的输入方法是GMAJ。“曹”字是一个比较难拆的字，尤其是前三个字根。初学者不容易把第二个字根联想到M键的“冂”上，也不太容易把第三个字根联想到A键的“艹”上，这实际上用到了原则二，**相似则归一**。

严字拆的字根是：“一、业、厂”，不够四个字根，因为“严”字是“上下型”结构，最后一笔是“撇”，所以应键入R，于是正确的输入方法是GODR。

华字拆的字根是：“亻、匕、十”，不够四个字根，因为“华”字是“上下型”结构，最后一笔是“竖”，所以应键入J。于是正确的输入方法是WXFJ。特别提请注意的是A键的“七”和X键“匕”很像。它们的唯一区别就是一个是“横”，而另一个是“撇”。

金字是键名字，已经在2.1节有过详细讲述。只要连续四次键入Q键即可，于是正确的输入方法是：QQQQ。

魏字拆的字根是：“禾、女、白、儿、厶”，多于四个字根，我们按顺序只取前三个和最后一个，则是“禾、女、白、厶”。于是正确的输入方法是TVRC。

陶字拆的字根是：“阝、勹、𠂉、山”，正好四个字符键，于是正确的输入方法是BQRM。“陶”字的第三个和第四个字根虽然交叉了，但正如前述，这样的拆分是正确的。第三个和第四个字根“𠂉、山”也不能拆成“𠂉、

十、凵”，这种错误违反了原则一，字根不再拆。

姜 字拆的字根是：“丷、王、女”，不够四个字根，因为“姜”字是“上下型”结构，最后一笔是“横”，所以应键入 F。于是正确的输入方法是 UGVF。

戚 字拆的字根是：“厂、上、小、乙、丶、丿”，多于四个字根，我们按顺序只取前三个和最后一个字根，则是“厂、上、小、丿”，于是正确的输入方法是 DHIT。关于“戚”字的拆分，请初学者记住，类似这种字形的字，最后一个字根不是“丶”，而是“丿”。

谢 字拆的字根是：“讠、丿、冂、三、丿、寸”，多于四个字根，我们按顺序只取前三个和最后一个，则是“讠、丿、冂、寸”。于是正确的输入方法是 YTMF。“谢”字的第三个字根，取 M 键的“冂”字根，是因为原则二，**相似则归一**。

刍阝 字拆的字根是：“⺈、彐、阝”，不够四个字根，因为“刍阝”字是“左右型”结构，最后一笔是“竖”，所以应键入 H。于是正确的输入方法是 QVBH。

喻 字拆的字根是：“口、人、一、月、刂”，多于四个字根，我们按顺序只取前三个和最后一个，则是“口、人、一、刂”。于是正确的输入方法是 KWGJ。

柏 字拆的字根是：“木、白”，不够四个字根，因为“柏”字是“左右型”结构，最后一笔是“横”，所以应键入 G。目前只有三个字符键，还应以空格键补足。于是正确的输入方法是 SRG（空格）。

水字是键名字，已经在 2.1 节有过详细讲述。只要连续四次键入 I 键即可，于是正确的输入方法是：IIII。

窦字拆的字根是：“宀、八、十、乛、⺀、大”，多于四个字根，我们按顺序只取前三个和最后一个，则是“宀、八、十、大”。于是正确的输入方法是 PWFD。

章字拆的字根是：“立、早”，不够四个字根，因为“章”字是“上下型”结构，最后一笔是“竖”，所以应键入 J。目前只有三个字符键，还应以空格键再补。于是正确的输入方法是 UJJ（空格）。注意原则一，字根“早”，不能再拆成“日”和“十”。

云字拆的字根是：“二厶”，不够四个字根，因为“云”字是“上下型”结构，最后一笔是“捺”，所以应键入 U。目前只有三个字符键，还应以空格键再补。于是正确的输入方法是 FCU（空格）。关于“云”的拆分有两点需要说明：一是“云”字的最后一笔“点”在五笔字型中以“捺”对待；二是键入 FCU 后，有重码出现，“1.去 2.云 3.支”，只要选择合适的数字即可。

苏字拆的字根是：“艹、力、八”，不够四个字根，因为“苏”字是“上下型”结构，最后一笔是“捺”，所以应键入 U。于是正确的输入方法是 ALWU。字根“八”是可以分开的。

潘字拆的字根是：“氵、丿、米、田”，正好四个字符键，于是正确的输入方法是 ITOL。“潘”字的第二个和第三个字根不能拆成“禾”和“丷”，这种错误的拆分违反了原则三，字根不交叉，而且也违背了正常书写的笔顺。

葛 字拆的字根是：“艹、曰、勹、人、乚”，多于四个字根，我们按顺序只取前三个和最后一个，则是“艹、曰、勹、乚”。于是正确的输入方法是AJQN。

奚 字拆的字根是：“爫、幺、大”，不够四个字根，因为“奚”字是“上下型”结构，最后一笔是“捺”，所以应键入U。于是正确的输入方法是EXDU。

范 字拆的字根是：“艹、氵、㔾”，不够四个字根，因为“范”字是“上下型”结构，最后一笔是“折”，所以应键入B。于是正确的输入方法是AIBB。

彭 字拆的字根是：“士、口、丷、彡”，正好四个字符键，于是正确的输入方法是FKUE。

郎 字拆的字根是：“丶、彐、厶、阝”，正好四个字符键，于是正确的输入方法是YVCB。“郎”字的第三个字根，是根据原则二选择C键上的字根“厶”。

鲁 字拆的字根是：“鱼、一、日”，不够四个字根，因为“鲁”字是“上下型”结构，最后一笔是“横”，所以应键入F。于是正确的输入方法是QGJF。如果把“鲁”的第一个字根再拆成“⺈”和“田”就违反了原则一，字根不再拆。键入QGJF后，有重码出现，“1.鲤 2.鲁”，只要选择合适的数字即可。

韦字拆的字根是：“二、乛、丨”，不够四个字根，因为“韦”字是“复合型”结构，最后一笔是“竖”，所以应键入 K。于是正确的输入方法是 FNHK。如果把“韦”的第一个字根“二”再拆成“一”和“一”就违反了原则一，字根不再拆。其实初学者应该在找字根时，比较一下是否还有比这个字根更“大”的字根。例如，比两“一”更大的，是不是还有“二”等。

昌字拆的字根是：“曰、日”，不够四个字根，因为“昌”字是“上下型”结构，最后一笔是“横”，所以应键入 F。目前只有三个字符键，还应以空格键再补。于是正确的输入方法是 JJF（空格）。“昌”字的拆分应该对初学者也没有太大的难度。如下的几个字，一直到“柳”字，难度都不大。

马这是成字字根，根据 2.1 节的讲述，应该先键入字根码，即 C 键，然后依次输入代表这些笔画的键符。于是正确的输入方法是 CNNG。

苗字拆的字根是：“艹、田”，不够四个字根，因为“苗”字是“上下型”结构，最后一笔是“横”，所以应键入 F。目前只有三个字符键，还应以空格键再补。于是正确的输入方法是 ALF（空格）。

凤字拆的字根是：“几、又”，不够四个字根，因为“凤”字是“复合型”结构，最后一笔是“捺”，所以应键入 I。目前只有三个字符键，还应以空格键再补。于是正确的输入方法是 MCI（空格）。

花 字拆的字根是：“艹、亻、匕”，不够四个字根，因为“花”字是“上下型”结构，最后一笔是“折”，所以应键入 B。于是正确的输入方法是 AWXB。值得注意的是“花”字的最后一笔不是撇，而是弯。

方 这是成字字根，根据 2.1 节的讲述，应该先键入字根码，即 Y 键，然后再依次输入代表这些笔画的字符键。于是正确的输入方法是 YYGN。

俞 字拆的字根是：“人、一、月、刂”，正好四个字符键，于是正确的输入方法是 WGEJ。

任 字拆的字根是：“亻、丿、士”，不够四个字根，因为“任”字是“左右型”结构，最后一笔是“横”，所以应键入 G。于是正确的输入方法是 WTFG。

袁 字拆的字根是：“土、口、𧘇”，不够四个字根，因为“袁”字是“上下型”结构，最后一笔是“捺”，所以应键入 U。于是正确的输入方法是 FKEU。注意，“袁”的最后一笔是“捺”而不是“撇”。

柳 字拆的字根是：“木、𠂆、丿、卩”，正好四个字符键，于是正确的输入方法是 SQTB。

酆 字拆的字根是：“三、丨、三、丨、山、一、口、䒑、阝”，多于四个字根，我们按顺序只取前三个和最后一个，则是“三、丨、三、阝”。于是正确的输入方法是 DHDB。“酆”这个字看起来是一个非常复杂的字根组合，但实际上它的拆分非常容易。在五笔字型中这种现象很常见。

鲍 字拆的字根是："鱼、一、勹、巳"，正好四个字符键，于是正确的输入方法是 QGQN。可以看出"鲍"字的第二个字根是"提横"，在五笔字型中，把"提横"当作"横"对待，同样"鱼"字也是如此的拆分"鱼、一"。

史 字拆的字根是："口、乂"，不够四个字根，因为"史"字是"复合型"结构，最后一笔是"捺"，所以应键入 I。目前只有三个字符键，还应以空格键再补。于是正确的输入方法是 KQI（空格）。千万不能再将字根"乂"再拆成"丿"和"、"，要坚持原则一。

唐 字拆的字根是："广、彐、丨、口"，正好四个字符键，于是正确的输入方法是 YVHK。其中"唐"字的第二个和第三个字根是交叉的，原则三是可以让步的。

费 字拆的字根是："弓、刂、贝"，不够四个字根，因为"费"字是"上下型"结构，最后一笔是"捺"，所以应键入 U。于是正确的输入方法是 XJMU。"费"字的最后一个字根"贝"如果被拆成"冂"和"人"，则违反了原则一。

廉 字拆的字根是："广、䒑、彐、小"，正好四个字符键，于是正确的输入方法是 YUVO。关于"廉"拆分，很多初学者都会出错，原因是最后一个字根"小"，一是要遵守原则二，相似则归一；二是这个字根不太常用，一般不容易记住。另外，键入廉后，有重码出现，"1.廉 2.谦"，只要选择合适的数字即可。

岑 字拆的字根是：“山、人、丶、乙”，正好四个字符键，于是正确的输入方法是 MWYN。关于“岑”字的最后一个字根，请初学者牢记，凡是“大弯”都在 N 键上。

薛 字拆的字根是：“艹、亻、ㄱ、ㄱ、辛”，多于四个字根，我们按顺序只取前三个和最后一个，则是“艹、亻、ㄱ、辛”。于是正确的输入方法是 AWNU。应该注意的是不能再把字根“辛”再拆成了“立”和“十”。原则一是不能突破的。键入 AWNU 后，有重码出现，“1.薛　2.恭”，只要选择合适的数字即可。

雷 字拆的字根是：“雨、田”，不够四个字根，因为“雷”字是“上下型”结构，最后一笔是“横”，所以应键入 F。目前只有三个字符键，还应以空格键再补。于是正确的输入方法是 FLF（空格）。

贺 字拆的字根是：“力、口、贝”，不够四个字根，因为“贺”字是“上下型”结构，最后一笔是“捺”，所以应键入 U。于是正确的输入方法是 LKMU。

倪 字拆的字根是：“亻、白、儿”，不够四个字根，因为“倪”字是“左右型”结构，最后一笔是“折”，所以应键入 N。于是正确的输入方法是 WVQN。“倪”第二个字根“臼”在 V 键上，而字根“白”在 R 键上，请初学者切记。

汤 字拆的字根是："氵、乙、丿"，不够四个字根，因为"汤"字是"左右型"结构，最后一笔是"撇"，所以应键入T。于是正确的输入方法是INRT。关于"汤"字的最后一个字根，提请注意的是，不论有多少"折"或"弯"，只要是一笔可以书写下来，就键入一次N键。

滕 字拆的字根是："月、丷、大、水"，正好是四个字根，于是正确的输入方法是EUDI。关于"滕"字，要提请注意的是，第二个字根与第三个字根的组合，可以是"丷、二、人"，这种组合的错误在于把现有的字根"丷"拆开了；而"丷、一、人"这种组合的错误是把现有的字根"大"拆开了。以上错误都是违反了原则一。

殷 字拆的字根是："厂、彐、乛、几、又"，多于四个字根，我们按顺序只取前三个和最后一个，则是"厂、彐、乛、又"。于是正确的输入方法是RVNC。"殷"的第一个和第二个字根，可能初学者不太熟悉，原因是第一个字根"厂"容易和W键的"亻"混淆，二是第三个字根采用了原则二，相似则归一。

罗 字拆的字根是："罒、夕"，不够四个字根，因为"罗"字是"上下型"结构，最后一笔是"捺"，所以应键入U。目前只有三个字符键，还应以空格键再补。于是正确的输入方法是LQU（空格）。

毕 字拆的字根是："匕、匕、十"，不够四个字根，因为"毕"字是"上下型"结构，最后一笔是"竖"，所以应键入J。于是正确的输入方法是XXFJ。需要注意的是A键上字根"七"和X键上字根"匕"的区别。

郝字拆的字根是："土、⺌、阝"，不够四个字根，因为"郝"字是"左右型"结构，最后一笔是"竖"，所以应键入 H。于是正确的输入方法是 FOBH。如果把"郝"的第一个字根"土"再拆为"十、一"，则违反了原则一。

邬字拆的字根是："勹、乙、一、阝"，正好四个字符键，于是正确的输入方法是 QNGB。

安字拆的字根是："宀、女"，不够四个字根，因为"安"字是"上下型"结构，最后一笔是"横"，所以应键入 F。目前只有三个字符键，还应以空格键再补。于是正确的输入方法是 PVF（空格）。

常字拆的字根是："⺌、冖、口、冂、丨"，多于四个字根，我们按顺序只取前三个和最后一个，则是"⺌、冖、口、丨"。于是正确的输入方法是 IPKH。

乐字拆的字根是："𠂆、小"，不够四个字根，因为"乐"字是"复合型"结构，最后一笔是"捺"，所以应键入 I。目前只有三个字符键，还应以空格键再补。于是正确的输入方法是 QII（空格）。

于字拆的字根是："一、十"，不够四个字根，因为"于"字是"复合型"结构，最后一笔是"竖"，所以应键入 K。目前只有三个字符键，还应以空格键再补。于是正确的输入方法是 GFK（空格）。关于"于"的最后一笔，确切地说是"竖勾"，但在五笔字型输入法中，把"竖勾"作为"竖"对待。如果把"于"拆成了"二"和"丨"则违反了原则三，字根不交叉。

时 字拆的字根是：“日、寸”，不够四个字根，因为“时”字是“左右型”结构，最后一笔是“捺”，所以应键入 Y。目前只有三个字符键，还应以空格键再补。于是正确的输入方法是 JFY（空格）。关于“时”的最后一笔，确切地说是“点”，但在五笔字型输入法中，把“点”作为“捺”。

傅 字拆的字根是：“亻、一、月、丨、丶、寸”，多于四个字根，我们按顺序只取前三个和最后一个，则是“亻、一、月、寸”。于是正确的输入方法是 WGEF。关于“傅”字的错误拆分是“亻、十、月、丶、寸”，如果键入四个键符是 WFEF（“亻、十、月、寸”），就违反了原则三，字根交叉。

皮 字拆的字根是：“广、又”，不够四个字根，因为“皮”字是“复合型”结构，最后一笔是“捺”，所以应键入 I。目前只有三个字符键，还应以空格键再补。于是正确的输入方法是 HCI（空格）。

卞 字拆的字根是：“亠、卜”，不够四个字根，因为“卞”字是“上下型”结构，最后一笔是“捺”，所以应键入 I。目前只有三个字符键，还应以空格键再补。于是正确的输入方法是 YHU（空格）。

齐 字拆的字根是：“文、刂”，不够四个字根，因为“齐”字是“上下型”结构，最后一笔是“竖”，所以应键入 J。目前只有三个字符键，还应以空格键再补。于是正确的输入方法是 YJJ（空格）。

康字拆的字根是："广、彐、水"，不够四个字根，因为"康"字是"复合型"结构，最后一笔是"捺"，所以应键入I。于是正确的输入方法是YVII。"康"字的最后一个字根"水"，在五笔字型输入法中，把"竖勾"看作是"竖"，请大家切记。

伍字拆的字根是："亻、五"，不够四个字根，因为"伍"字是"左右型"结构，最后一笔是"横"，所以应键入G。目前只有三个字符键，还应以空格键再补。于是正确的输入方法是WGG（空格）。

余字拆的字根是："人、禾"，不够四个字根，因为"余"字是"上下型"结构，最后一笔是"捺"，所以应键入U。目前只有三个字符键，还应以空格键再补。于是正确的输入方法是WTU（空格）。关于"余"的第二个字根是"禾"，而不是"一"和"木"，这是大家不熟知的。类似的还有：涂、徐等字。

元字拆的字根是："二、儿"，不够四个字根，因为"元"字是"上下型"结构，最后一笔是"弯"，所以应键入B。目前只有三个字符键，还应以空格键再补。于是正确的输入方法是FQB（空格）。

卜这是成字字根，根据2.1节的讲述，应该先键入字根码，即H键，然后按笔划再依次输入代表这些笔画的键符，不足四个键符，以空格键补充。于是正确的输入方法是HHY（空格）。

顾字拆的字根是："厂、巳、一、贝"，正好四个字符键，于是正确的输入方法是 DBDM。

孟字拆的字根是："子、皿"，不够四个字根，因为"孟"字是"上下型"结构，最后一笔是"横"，所以应键入 F。目前只有三个字符键，还应以空格键再补。于是正确的输入方法是 BLF（空格）。

平字拆的字根是："一、丷、丨"，不够四个字根，因为"平"字是"复合型"结构，最后一笔是"竖"，所以应键入 K。于是正确的输入方法是 GUHK。如果把"平"的第二个字根和第三个字根"丷"和"丨"，错拆为"丷"和"十"，则违反了原则三，字根不交叉（至少是不能先交叉）。

黄字拆的字根是："艹、由、八"，不够四个字根，因为"黄"字是"上下型"结构，最后一笔是"捺"，所以应键入 U。于是正确的输入方法是 AMWU。键入 AMWU 后，有重码出现，"1.黄 2.芮"，只要选择合适的数字即可。

和字拆的字根是："禾、口"，不够四个字根，因为"和"字是"左右型"结构，最后一笔是"横"，所以应键入 G。目前只有三个字符键，还应以空格键再补。于是正确的输入方法是 TKG（空格）。其实关于"和"字还有更简单的输入方法，在第 3 章将有详细的讲述。

穆字拆的字根是："禾、白、小、彡"，正好四个字符键，于是正确的输入方法是 TRIE。记住，字根"彡"在 E 键，字根"丿"在 R 键。

萧字拆的字根是:"艹、彐、小、刂",正好四个字符键,于是正确的输入方法是 AVIJ。关于"萧"的第二、第三和第四字根都是交叉的,没有更好的拆分方法,所以只好突破了原则三。

尹字拆的字根是:"彐、丿",不够四个字根,因为"尹"字是"复合型"结构,最后一笔是"撇",故应键入E。目前只有三个字符键,还应以空格键再补。正确的输入方法是 VTE(空格)。

2.5 五笔字型的拆字组字方法(二)

在 2.4 节对《百家姓》前 100 个字作了五笔字型拆分组合的详细讲述,相信读者已经对这些字的拆分规律有了一定的认识。本节继续拆分组合《百家姓》后面的汉字(只针对单姓,不介绍复姓,共 308 个),但是不再像上一节那样详细说明了,读者如果遇到困难,可以根据前面学到的知识,自行解决。对非常困难的拆分,本节会有提示。如表 2-2 所示。

表 2-2 拆分组字实例表

姓氏	拆分详解
姚	姚应拆成"女、⺦、儿",加识别码 N,应键入 VIQN
邵	邵应拆成"刀、口、阝",加识别码 H,应键入 VKBH
湛	湛应拆成"氵、艹、三、乙",应键入 IADN。应注意"湛"的最后一个字根不是 A 键的"匚"
汪	汪应拆成"氵、王",加识别码 G 和空格,应键入 IGG(空格)
祁	祁应拆成"礻、阝",加识别码 H,应键入 PYBH
毛	毛应拆成"丿、二、乙",加识别码 V,应键入 TFNV

续表

姓氏	拆分详解
禹	禹应拆成“丿、口、冂丶”，应键入TKMY。应注意，“禹”字没有被拆为“丿、虫、冂”，是因为这样的拆分违背原则三，字根不交叉
狄	狄应拆成“犭、丿、火”，加识别码Y，应键入QTOY
米	米字是成字字根，先键入代表“米”字的O键，然后依次键入代表前两笔笔画的键符及代表最后一笔的键符。应键入OYTY
贝	贝字是成字字根，先键入代表“贝”字的M键，然后依次键入代表前两笔笔画的键符及代表最后一笔的键符。应键入MHNY
明	明应拆成“日、月”，加识别码G和空格，应键入JEG（空格）
藏	藏应拆成“艹、厂、乙、丿”，应键入ADNT
计	计应拆成“讠、十”，加识别码H和空格，应键入YFH（空格）
伏	伏应拆成“亻、犬”，加识别码Y和空格，应键入WDY（空格）
成	成应拆成“厂、乙、乙、丿”，应键入DNNT
戴	戴应拆成“十、戈、田、八”，应键入FALW。“戴”字的拆分方法与我们的书写习惯不一样，请详见3.4节的内容
谈	谈应拆成“讠、火、火”，加识别码Y，应键入YOOY
宋	宋应拆成“宀、木”，加识别码U和空格，应键入PSU（空格）
茅	茅应拆成“艹、マ、了、丿”，应键入ACBT
庞	庞应拆成“广、尤、匕”，加识别码V，应键入YDXV
熊	熊应拆成“厶、月、匕、灬”，应键入CEXO
纪	纪应拆成“纟、己”，加识别码N和空格，应键入XNN（空格）
舒	舒应拆成“人、干、口、了”，应键入WFKB
屈	屈应拆成“尸、凵、山”，加识别码K，应键入NBMK
项	项应拆成“工、丆、贝”，加识别码Y，应键入ADMY
祝	祝应拆成“礻、丶、口、儿”，应键入PYKQ

续表

姓氏	拆分详解
董	董应拆成“艹、丿、一、土”，应键入 ATGF。提请注意的是，第二个字根经常被初学者当作“一”
梁	梁应拆成“氵、刀、八、木”，应键入 IVWS。第三个字根“八”被“分家”是常事
杜	杜应拆成“木、土”，加识别码 G 和空格，应键入 SFG（空格）
阮	阮应拆成“阝、二、儿”，加识别码 N，应键入 BFQN
蓝	蓝应拆成“艹、‖、𠂉、皿”，应键入 AJTL。注意第三个字根“竹字头”不论是“全”的，还是“单”的，都在 T 键上
闵	闵应拆成“门、文”，加识别码 I 和空格，应键入 UYI（空格）
席	席应拆成“广、廿、冂、丨”，应键入 YAMH
季	季应拆成“禾、子”，加识别码 F 和空格，应键入 TBF（空格）
麻	麻应拆成“广、木、木”，加识别码 I，应键入 YSSI
强	强应拆成“弓、口、虫”，加识别码 Y，应键入 XKJY
贾	贾应拆成“西、贝”，加识别码 U 和空格，应键入 SMU（空格）。“贾”字的第一个字根采用的是原则二，相似则归一
路	路应拆成“口、止、夂、口”，应键入 KHTK
娄	娄应拆成“米、女”，加识别码 F 和空格，应键入 OVF（空格）
危	危应拆成“⺈、厂、㔾”，加识别码 B，应键入 QDBB
江	江应拆成“氵、工”，加识别码 G 和空格，应键入 IAG（空格）
童	童应拆成“立、曰、土”，加识别码 F，应键入 UJFF
颜	颜应拆成“立、丿、彡、贝”，应键入 UTEM
郭	郭应拆成“亠、子、阝”，加识别码 H，应键入 YBBH
梅	梅应拆成“木、𠂉、母、⺀”，应键入 STXU
盛	盛应拆成“厂、乙、乙、皿”，应键入 DNNL

续表

姓氏	拆分详解
林	林应拆成“木、木”，加识别码Y和空格，应键入SSY（空格）
刁	刁应拆成“乙、一”，加识别码D和空格，应键入NGD（空格）
钟	钟应拆成“钅、口、丨”，加识别码丨，应键入QKHH
徐	徐应拆成“彳、人、禾”，加识别码Y，应键入TWTY。关于“徐”的第三个字根，在前有述，应是“禾”而不是“二小”或“一木”，这一点很特殊，请切记
邱	邱应拆成“斤、一、阝”，加识别码H，应键入RGBH
骆	骆应拆成“马、夂、口”，加识别码G，应键入CTKG
高	高应拆成“亠、冂、口”，加识别码F，应键入YMKF
夏	夏应拆成“丆、目、夂”，加识别码U，应键入DHTU
蔡	蔡应拆成“艹、癶、二、小”，应键入AWFI
田	田是键名码，应键入代表“田”字的键符四次，故应键入LLLL
樊	樊应拆成“木、㐅、㐅、大”，应键入SQQD
胡	胡应拆成“古、月”，加识别码G和空格，应键入DEG（空格）
凌	凌应拆成“冫、土、八、夂”，应键入UFWT
霍	霍应拆成“雨、亻、主”，加识别码F，应键入FWYF
虞	虞应拆成“广、七、口、大”，应键入HAKD
万	万应拆成“丆、乙”，加识别码V和空格，应键入DNV（空格）
支	支应拆成“十、又”，加识别码U和空格，应键入FCU（空格）。严格地说，键入FCU后出现重码“1. 去　2. 云　3. 支”，这时按数字键选择
柯	柯应拆成“木、丁、口”，加识别码G，应键入SSKG
昝	昝应拆成“夂、卜、日”，加识别码F，应键入THJF
管	管应拆成“⺮、宀、コ、コ”，应键入TPNN

续表

姓氏	拆分详解
卢	卢应拆成“⺊、尸”，加识别码 E 和空格，应键入 HNE（空格）
莫	莫应拆成“艹、日、大”，加识别码 U，应键入 AJDU
经	经应拆成“纟、ス、工”，加识别码 G，应键入 XCAG
房	房应拆成“丶、尸、方”，加识别码 V，应键入 YNYV
裘	裘应拆成“十、⺡、丶、𧘇”，应键入 FIYE
缪	缪应拆成“纟、羽、人、彡”，应键入 XNWE
干	干字是成字字根，先键入代表“干”字的 F 键，然后依次键入代表该字笔画的键符。应键入 FGGH
解	解应拆成“⺈、用、刀、丨”，应键入 QEVH。题外话：“解”在姓中的读音是“xiè”
应	应字应拆成“广、⺌”，加识别码 D 和空格，应键入 YID（空格）
宗	宗应拆成“宀、二、小”，加识别码 U，应键入 PFIU
丁	丁字是成字字根，先键入代表“丁”字的 F 键，然后依次键入代表该字笔画的键符，不够四个键符，再用空格键补充，应键入 SGH（空格）。注意，五笔字型输入法用“竖”代替“竖勾”
宣	宣应拆成“宀、一、日、一”，应键入 PGJG
贲	贲应拆成“十、艹、贝”，加识别码 U，应键入 FAMU
邓	邓应拆成“又、阝”，加识别码 H 和空格，应键入 CBH（空格）
郁	郁应拆成“ナ、月、阝”，加识别码 H，应键入 DEBH
单	单应拆成“丷、日、十”，加识别码 J，应键入 UJFJ。题外话：“单”在姓中的读音是“shàn”
杭	杭应拆成“木、亠、几”，加识别码 N，应键入 SYMN。请记住字根“儿”在 Q 键，字根“几”在 M 键
洪	洪应拆成“氵、龷、八”，加识别码 Y，应键入 IAWY

续表

姓氏	拆分详解
包	包应拆成“勹、巳”，加识别码 V 和空格，应键入 QNV（空格）。提示：不仅仅是初学者，有不少人把字根“巳”忘掉了
诸	诸应拆成“讠、土、丿、日”，应键入 YFTJ
左	左应拆成“𠂇、工”，加识别码 F 和空格，应键入 DAF（空格）
石	石字是成字字根，先键入代表“石”字的 D 键，然后依次键入代表前两笔笔画的键符及代表最后一笔的键符。应键入 DGTG
崔	崔应拆成“山、亻、圭”，加识别码 F，应键入 MWYF
吉	吉应拆成“士、口”，加识别码 F 和空格，应键入 FKF（空格）
钮	钮应拆成“钅、乙、土”，加识别码 G，应键入 QNFG。初学者经常不容易把“丑”字拆分成“乙”和“土”，请大家记住它的拆分
龚	龚应拆成“ナ、匕、艹、八”，应键入 DXAW
程	程应拆成“禾、口、王”，加识别码 G，应键入 TKGG
嵇	嵇应拆成“禾、尤、乙、山”，应键入 TDNM
邢	邢应拆成“一、艹、阝”，加识别码 H，应键入 GABH
滑	滑应拆成“氵、冎、月”，加识别码 G，应键入 IMEG
裴	裴应拆成“三、‖、三、衣”，应键入 DJDE
陆	陆应拆成“阝、二、山”，加识别码 H，应键入 BFMH
荣	荣应拆成“艹、冖、木”，加识别码 U，应键入 APSU
翁	翁应拆成“八、厶、羽”，加识别码 F，应键入 WCNF
荀	荀应拆成“艹、勹、日”，加识别码 F，应键入 AQJF
羊	羊应拆成“丷、手”，加识别码 J 和空格，应键入 UDJ（空格）
於	於应拆成“方、人、⺀”，加识别码 Y，应键入 YWUY
惠	惠应拆成“一、曰、丨、心”，应键入 GJHN

续表

姓氏	拆分详解
甄	甄应拆成“西、土、一、乙”，应键入 SFGN。提请注意的是“瓦”字最后一笔是“乙”，而不是“丶”，这一点与许多人的习惯不一样
曲	曲应拆成“冂、艹”，加识别码 D 和空格，应键入 MAD（空格）。“曲”字和“曹”字是许多初学者感到较难拆的字
家	家应拆成“宀、豕”，加识别码 U 和空格，应键入 PEU（空格）
封	封应拆成“土、土、寸”，加识别码 Y，应键入 FFFY
芮	芮应拆成“艹、冂、人”，加识别码 U，应键入 AMWU。键入 AMW 后出现重码“1. 黄 2. 芮”，这时按数字键选择
羿	羿应拆成“羽、廾”，加识别码 J，键入 NAJ 后出现重码“1. 异 2. 羿”，这时按数字键选择
储	储应拆成“亻、讠、土、日”，应键入 WYFJ
靳	靳应拆成“廿、𠀎、斤”，加识别码 H，应键入 AFRH
汲	汲应拆成“氵、及”，加识别码 Y 和空格，应键入 IEY（空格）
邴	邴应拆成“一、冂、人、阝”，应键入 GMWB
糜	糜应拆成“广、木、木、米”，应键入 YSSO
松	松应拆成“木、八、厶”，加识别码 Y，应键入 SWCY
井	井应拆成“二、刂”，加识别码 K 和空格，应键入 FJK（空格）
段	段应拆成“亻、三、几、又”，应键入 WDMC
富	富应拆成“宀、一、口、田”，应键入 PGKL
巫	巫应拆成“工、人、人”，加识别码 I，应键入 AWWI
乌	乌应拆成“勹、乙、一”，加识别码 D，应键入 QNGD
焦	焦应拆成“亻、主、灬”，加识别码 U，应键入 WYOU
巴	巴字是成字字根，先键入代表“巴”字的 C 键，然后依次键入代表前两笔笔画的键符及代表最后一笔的键符。应键入 CNHN

续表

姓氏	拆分详解
弓	弓字是成字字根，先键入代表“弓”字的 X 键，然后按顺序键入代表其笔画的键符。应键入 XNGN
牧	牧应拆成“丿、扌、攵”，加识别码 Y，应键入 TRTY
隗	隗应拆成“阝、白、儿、厶”，应键入 BRQC
山	山字是键名字，应键入代表“山”字的键符四次，故应键入 MMMM
谷	谷应拆成“八、人、口”，加识别码 F，应键入 WWKF
车	车字是成字字根，先键入代表“车”字的 L 键，然后依次键入代表前两笔笔画的键符及代表最后一笔的键符。应键入 LGNH
侯	侯应拆成“亻、コ、𠂉、大”，应键入 WNTD。题外话：经常有人把“侯”录成“候”，而后者拆分是“亻、丨、コ、大”
宓	宓应拆成“宀、心、丿”，加识别码 R，应键入 PNTR。尽管不认识“宓”字，但知道如何拆分，就可以录入，这是五笔字型输入法的另一个好处
蓬	蓬应拆成“艹、夂、三、辶”，应键入 ATDP
全	全应拆成“人、王”，加识别码 F 和空格，应键入 WGF（空格）
郗	郗应拆成“㐅、𠂇、冂、阝”，应键入 QDMB
班	班应拆成“王、丶、丿、王”，应键入 GYTG。如果“班”的第二个字根与第三个字根顺序反了，则是“珠穆朗玛”。即像第 1 章讲的那样，错误非常明显
仰	仰应拆成“亻、𠂎、卩”，加识别码 H，应键入 WQBH
秋	秋应拆成“禾、火”，加识别码 Y 和空格，应键入 TOY（空格）
仲	仲应拆成“亻、口、丨”，加识别码 H，应键入 WKHH
伊	伊应拆成“亻、彐、丿”，加识别码丿，应键入 WVTT
宫	宫应拆成“宀、口、口”，加识别码 F，应键入 PKKF

续表

姓氏	拆分详解
宁	宁应拆成“宀、丁”，加识别码 J 和空格，应键入 PSJ（空格）。“宁”的最后一个字根是“丁”，其中“竖勾”以“竖”对待
仇	仇应拆成“亻、九”，加识别码 N 和空格，应键入 WVN（空格）
栾	栾应拆成“亠、⺌、木”，加识别码 U，应键入 YOSU
暴	暴应拆成“日、龷、八、氺”，应键入 JAWI
甘	甘应拆成“廿、二”，加识别码 D 和空格，应键入 AFD（空格）
钭	钭应拆成“钅、⺀、十”，加识别码 H，应键入 QUFH
历	历应拆成“厂、力”，加识别码 V 和空格，应键入 DLV（空格）。“历”的最后一笔是“乙”而不是“丿”，这和不少人书写的习惯是不一样的
戎	戎应拆成“戈、𠂇”，加识别码 E 和空格，应键入 ADE（空格）
祖	祖应拆成“礻、丶、月、一”，应键入 PYEG
武	武应拆成“一、弋、止”，加识别码 D，应键入 GAHD。“武”字拆分与我们的书写习惯不一样
符	符应拆成“⺮、亻、寸”，加识别码 U，应键入 TWFU
刘	刘应拆成“文、刂”，加识别码 H 和空格，应键入 YJH（空格）
景	景应拆成“日、亠、小”，加识别码 U，应键入 JYIU
詹	詹应拆成“⺈、厂、八、言”，应键入 QDWY
束	束应拆成“一、口、小”，加识别码 I，应键入 GKII
龙	龙应拆成“𠂇、匕”，加识别码 V 和空格，应键入 DXV（空格）
叶	叶应拆成“口、十”，加识别码 H 和空格，应键入 KFH（空格）
幸	幸应拆成“土、丷、十”，加识别码 J，应键入 FUFJ
司	司应拆成“乙、一、口”，加识别码 D，应键入 NGKD
韶	韶应拆成“立、日、刀、口”，应键入 UJVK

续表

姓氏	拆分详解
郜	郜应拆成"丿、土、口、阝"，应键入 TFKB
黎	黎应拆成"禾、勹、丿、氺"，应键入 TQTI
蓟	蓟应拆成"艹、鱼、一、刂"，应键入 AQGJ
溥	溥应拆成"氵、一、月、寸"，应键入 IGEF
印	印应拆成"𠂎、一、卩"，加识别码 H，应键入 QGBH
宿	宿应拆成"宀、亻、丆、日"，应键入 PWDJ
白	白字是键名字，应键入代表"白"字的键符四次，故应键入 RRRR
怀	怀应拆成"忄、一、小"，加识别码 Y，应键入 NGIY
蒲	蒲应拆成"艹、氵、一、丶"，应键入 AIGY
邰	邰应拆成"厶、口、阝"，加识别码 H，应键入 CKBH
从	从应拆成"人、人"，加识别码 Y 和空格，应键入 WWY（空格）
鄂	鄂应拆成"口、口、二、阝"，应键入 KKFB
索	索应拆成"十、冖、幺、小"，应键入 FPXI
咸	咸应拆成"厂、一、口、丿"，应键入 DGKT。"咸"也可以拆分成"弋丿一口"，不过这样拆分的错误是不符合书写习惯。特别提示的是，有不少字的拆分是不符合书写习惯的，但是还应该尽量符合书写的习惯。毕竟不符合书写习惯的是少数
籍	籍应拆成"⺮、三、小、日"，应键入 TDIJ
赖	赖应拆成"一、口、小、贝"，应键入 GKIM
卓	卓应拆成"⺊、早"，加识别码 J 和空格，应键入 HJJ（空格）。字根"早"不能再拆为"日十"了，这是初学者经常犯的错误
蔺	蔺应拆成"艹、门、亻、圭"，应键入 AUWY
屠	屠应拆成"尸、土、丿、日"，应键入 NFTJ
蒙	蒙应拆成"艹、冖、一、豕"，应键入 APGE

续表

姓氏	拆分详解
池	池应拆成“氵、也”，加识别码 N 和空格，应键入 IBN（空格）
乔	乔应拆成“丿、大、川”，加识别码 J，应键入 TDJJ
阳	阳应拆成“阝、日”，加识别码 G 和空格，应键入 BJG（空格）
胥	胥应拆成“乛、龰、月”，加识别码 F，应键入 NHEF
能	能应拆成“厶、月、匕、匕”，应键入 CEXX
苍	苍应拆成“艹、人、㔾”，加识别码 B，应键入 AWBB
双	双应拆成“又、又”，加识别码 Y 和空格，应键入 CCY（空格）
闻	闻应拆成“门、耳”，加识别码 D 和空格，应键入 UBD（空格）
莘	莘应拆成“艹、辛”，加识别码 J 和空格，应键入 AUJ（空格）
党	党应拆成“⺌、冖、口、儿”，应键入 IPKQ
翟	翟应拆成“羽、亻、圭”，加识别码 F，应键入 NWYF
谭	谭应拆成“讠、西、早”，加识别码 H，应键入 YSJH
贡	贡应拆成“工、贝”，加识别码 U 和空格，应键入 AMU（空格）
劳	劳应拆成“艹、冖、力”，加识别码 B，应键入 APLB
逄	逄应拆成“夂、匚、丨、辶”，应键入 TAHP
姬	姬应拆成“女、匚、丨、丨”，应键入 VAHH
申	申应拆成“日、丨”，加识别码 K 和空格，应键入 JHK（空格）。字根“日”或“曰”、“丨”可以组成很多字，初学者可以试着录入如下的字：旧、申、早、甲、由
扶	扶应拆成“扌、二、人”，加识别码 Y，应键入 RFWY
堵	堵应拆成“土、土、丿、日”，应键入 FFTJ
冉	冉应拆成“冂、土”，加识别码 D 和空格，应键入 MFD（空格）
宰	宰应拆成“宀、辛”，加识别码 J 和空格，应键入 PUJ（空格）
郦	郦应拆成“一、冂、丶、阝”，应键入 GMYB。

续表

姓氏	拆分详解
雍	雍应拆成“亠、乡、丿、圭”，应键入YXTY。注意字根“土土”的组合并不是“圭”
却	却应拆成“土、厶、卩”，加识别码H，应键入FCBH
璩	璩应拆成“王、广、七、豕”，应键入GHAE。可以看出，很多笔画的字，不见得拆分有多难
桑	桑应拆成“又、又、又、木”，应键入CCCS
桂	桂应拆成“木、土、土”，加识别码G，应键入SFFG
濮	濮应拆成“氵、亻、业、丶”，应键入IWOY。特别值得注意的是最后一个字根，不是“大”，而是“丶”。这是因为整个字的拆分是“氵、亻、业、一、丷、王、丶”的缘故
牛	牛应拆成“𠂉、丨”，加识别码K和空格，应键入RHK（空格）
寿	寿应拆成“三、丿、寸”，加识别码U，应键入DTFU
通	通应拆成“マ、用、辶”，加识别码K，应键入CEPK
边	边应拆成“力、辶”，加识别码V和空格，应键入LPV（空格）
扈	扈应拆成“丶、尸、口、巴”，应键入YNKC
燕	燕应拆成“廿、丬、口、灬”，应键入AUKO。第二字根是利用了原则二，相似则归一
冀	冀应拆成“丬、匕、田、八”，应键入UXLW。第二个字根的用法同上述的“燕”字
郏	郏应拆成“一、丷、人、阝”，应键入GUWB
浦	浦应拆成“氵、一、月、丶”，应键入IGEY。请注意，第二个字根用的是“一”而不是“十”，采用的是原则三，字根不交叉
尚	尚应拆成“⺌、冂、口”，加识别码F，应键入IMKF
农	农应拆成“冖、𧘇”，加识别码I和空格，应键入PEI（空格）

续表

姓氏	拆分详解
温	温应拆成“氵、日、皿”，加识别码 G，应键入 IJLG
别	别应拆成“口、力、刂”，加识别码 H，应键入 KLJH
庄	庄应拆成“广、土”，加识别码 D 和空格，应键入 YFD（空格）
晏	晏应拆成“日、宀、女”，加识别码 F，应键入 JPVF
柴	柴应拆成“止、匕、木”，加识别码 U，应键入 HXSU
瞿	瞿应拆成“目、目、亻、圭”，应键入 HHWY。注意，最后一个字根不在 F 键，也不在 G 键上，而在 Y 键
阎	阎应拆成“门、⺈、臼”，加识别码 D，键入 UQVD
充	充应拆成“亠、厶、儿”，加识别码 B，键入 YCQB
慕	慕应拆成“艹、日、大、⺗”，应键入 AJDN。注意，最后一个字根不在 I 键上，而在 N 键
连	连应拆成“车、辶”，加识别码 K 和空格，应键入 LPK（空格）
茹	茹应拆成“艹、女、口”，加识别码 F，应键入 AVKF。“茹”和“茗”是重码
习	习应拆成“乙、冫”，加识别码 D 和空格，应键入 NUD（空格）。注意“习”字是复合型，最后一笔是“提横”，在五笔字型中，“提横”当作“横”对待
宦	宦应拆成“宀、匚、丨、丨”，应键入 PAHH
艾	艾应拆成“艹、乂”，加识别码 U 和空格，应键入 AQU（空格）
鱼	鱼应拆成“⺈、一”，加识别码 F 和空格，应键入 QGF（空格）
容	容应拆成“宀、八、人、口”，应键入 PWWK
向	向应拆成“丿、冂、口”，加识别码 D，应键入 TMKD
古	古字是成字字根，先键入代表“古”字的 D 键，然后依次键入代表前两笔笔画的键符及代表最后一笔的键符。应键入 DGHG

续表

姓氏	拆分详解
易	易应拆成“日、勹、彡”，加识别码R，应键入JQRR
慎	慎应拆成“忄、十、且、八”，应键入NFHW
戈	戈字是成字字根，先键入代表“戈”字的A键，然后依次键入代表前两笔笔画的键符及代表最后一笔的键符。应键入AGNT
廖	廖应拆成“广、羽、人、彡”，应键入YNWE
庾	庾应拆成“广、臼、人”，加识别码I，应键入YVWI
终	终应拆成“纟、夂、⺀”，加识别码Y，应键入XTUY
暨	暨应拆成“彐、厶、匚、一”，应键入VCAG。“暨”字的第二个字根，用的是字根“厶”，只是用了原则二，相似则归一
居	居应拆成“尸、古”，加识别码D和空格，应键入NDD（空格）
衡	衡应拆成“彳、鱼、大、丨”，应键入TQDH
步	步应拆成“止、少”，应键入HI（空格）
都	都应拆成“土、丿、日、阝”，应键入FTJB
耿	耿应拆成“耳、火”，加识别码Y和空格，应键入BOY（空格）
满	满应拆成“氵、艹、一、人”，应键入IAGW
弘	弘应拆成“弓、厶”，加识别码Y和空格，应键入XCY（空格）
匡	匡应拆成“匚、王”，加识别码D和空格，应键入AGD（空格）
国	国应拆成“口、王、丶”，加识别码I，应键入LGYI
文	文字是成字字根，先键入代表“文”字的Y键，然后依次键入代表前两笔笔画的键符及代表最后一笔的键符。应键入YYGY
冠	冠应拆成“冖、二、儿、寸”，应键入PFQF。“冠”字的第三个字根，用的是字根“儿”，只是用了原则二，相似则归一
广	广字是成字字根，先键入代表“广”字的Y键，然后依次键入代表笔画的键符。应键入YYGT

续表

姓氏	拆分详解
禄	禄应拆成“礻、丶、彐、氺”，应键入 PYVI
阙	阙应拆成“门、丷、凵、人”，应键入 UUBW
东	东应拆成“七、小”，加识别码 I 和空格，应键入 AII（空格）。“东”字的第一个字根，用的是“七”，只是用了原则二，相似则归一
欧	欧应拆成“匚、乂、𠂊、人”，应键入 AQQW
殳	殳应拆成“几、又”，加识别码 U 和空格，应键入 MCU（空格）
沃	沃应拆成“氵、丿、大”，加识别码 Y，应键入 ITDY
利	利应拆成“禾、刂”，加识别码 H 和空格，应键入 TJH（空格）
蔚	蔚应拆成“艹、尸、二、寸”，应键入 ANFF
越	越应拆成“土、龰、匚、丿”，应键入 FHAT。“越”字的第三个字根，用的是“匚”，只是用了原则二，相似则归一
夔	夔应拆成“丷、止、丿、夂”，应键入 U HTT。笔画繁多的“夔”拆分并不难
隆	隆应拆成“阝、夂、一、主”，应键入 BTGG
师	师应拆成“刂、一、冂、丨”，应键入 JGMH
巩	巩应拆成“工、几、丶”，加识别码 Y，应键入 AMYY
厍	厍应拆成“厂、车”，加识别码 K 和空格，应键入 DLK（空格）
聂	聂应拆成“耳、又、又”，加识别码 U，应键入 BCCU
晁	晁应拆成“日、氺、儿”，加识别码 B，应键入 JIQB
勾	勾应拆成“勹、厶”，加识别码 I 和空格，应键入 QCI（空格）
敖	敖应拆成“主、勹、攵”，加识别码 Y，应键入 GQTY
融	融应拆成“一、口、冂、虫”，应键入 GKMJ
冷	冷应拆成“冫、人、丶、龴”，应键入 UWYC

续表

姓氏	拆分详解
訾	訾应拆成“止、匕、言”，加识别码 F，应键入 HXYF
辛	辛字是成字字根，先键入代表“辛”字的 U 键，然后依次键入代表前两笔笔画的键符及代表最后一笔的键符。应键入 UYGH
阚	阚应拆成“门、乙、耳、攵”，应键入 UNBT
那	那应拆成“刀、二、阝”，加识别码 H，应键入 VFBH。题外话：“那”在姓中的读音是“nā”
简	简应拆成“⺮、门、日”，加识别码 F，应键入 TUJF
饶	饶应拆成“⺈、乙、七、儿”，应键入 QNAQ
空	空应拆成“宀、八、工”，加识别码 F，应键入 PWAF
曾	曾应拆成“丷、四、日”，加识别码 F，应键入 ULJF
毋	毋应拆成“毋、𠂇”，加识别码 E 和空格，应键入 XDE（空格）
沙	沙应拆成“氵、小、丿”，加识别码 T，应键入 IITT
乜	乜应拆成“乛、乚”，加识别码 V 和空格，应键入 NNV（空格）。两个“大弯”都在 N 键上
养	养应拆成“丷、⺷、丶、川”，应键入 UDYJ
鞠	鞠应拆成“廿、串、勹、米”，应键入 AFQO
须	须应拆成“彡、𠂆、贝”，加识别码 Y，应键入 EDMY
丰	丰应拆成“三、丨”，加识别码 K 和空格，应键入 DHK（空格）
巢	巢应拆成“巛、日、木”，加识别码 U，应键入 VJSU
关	关应拆成“丷、大”，加识别码 U 和空格，应键入 UDU（空格）
蒯	蒯应拆成“艹、月、月、刂”，应键入 AEEJ
相	相应拆成“木、目”，加识别码 G 和空格，应键入 SHG（空格）
查	查应拆成“木、日、一”，加识别码 F，应键入 SJGF
后	后应拆成“厂、一、口”，加识别码 D，应键入 RGKD

续表

姓氏	拆分详解
荆	荆应拆成“艹、一、廾、刂”，应键入 AGAJ
红	红应拆成“纟、工”，加识别码 G 和空格，应键入 XAG（空格）
游	游应拆成“氵、方、𠂉、子”，应键入 IYTB
竺	竺应拆成“⺮、二”，加识别码 F 和空格，应键入 TFF（空格）
权	权应拆成“木、又”，加识别码 Y 和空格，应键入 SCY（空格）
逯	逯应拆成“彐、水、辶”，加识别码 I，应键入 VIPI
盍	盍应拆成“土、厶、皿”，加识别码 F，应键入 FCLF
益	益应拆成“丷、八、皿”，加识别码 F，应键入 UWLF
桓	桓应拆成“木、一、日、一”，应键入 SGJG
公	公应拆成“八、厶”， 加识别码 U 和空格，应键入 WCU（空格）

第 3 章　五笔字型输入法的技巧

学习了第 2 章关于五笔字型对汉字的拆分，应该说读者已经基本掌握了五笔字型的输入方法。为了能使初学者的输入速度更快，本章介绍几种五笔字型输入法的技巧，以及造字的方法。

本章学习要点

√ 五笔字型的简码输入
√ 五笔字型的词组输入
√ 自创五笔字型的词组
√ 偏旁和典型字的录入要点
√ 巧用空格键、Z 键、拼音方法和繁体字的输入方法
√ 造字方法

3.1 五笔字型的简码输入

五笔字型规定了以下这些汉字为高频字，这些字可以按第 2 章讲述的方法录入，也可以按本节介绍的方法输入。

图 3-1 告诉我们一共有 25 个被称为简码的汉字。它们的输入方法是，只要按一下代表该字的字符键和空格就可以录入。例如，“我”字，可以按第 2 章讲述的方法，拆成“丿、扌、乙、丶”即输入 TRNT。而利用简码输入，只须按一下 Q 键，并按一下空格键，“我”字就录进去了。例如，用简码录入“工地上有人”，只要按 A（空格）F（空格）H（空格）E（空格）W（空格）就可以了。也可以用简码与上一章讲的内容混用，例如，“在不在宿舍”的输入方法是：D（空格）I（空格）D（空格）PWDJWFKF（空格）。

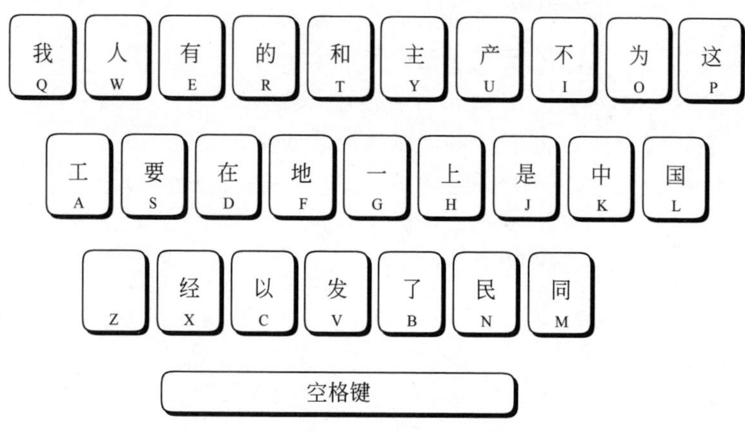

图 3-1 简码字

有了简码，这常用的 25 个汉字的输入方法变得非常方便实用。记住简码的位置，对提高录入速度非常有用。一方面是 25 个简码不多，很容易记；另一方面是每个简码字的字根，都在相应的字根键上，例如，“主”字在Y键上，而Y键上的字根正好有“丶”；同理“这”字在P键上，而P键上的字根正好有“辶”，等等。

3.2 五笔字型的词组输入

五笔字型字库中，已经有了不少词组。如，“立场”、“情侣”、“计算机”、“青春期”、“千方百计”、“柴米油盐”、“美利坚合众国”等。录入这些字，可以用第2章讲述的方法，一个字一个字地拆分，也可以用本节讲述的方法，同样用四个键，一次性输入两个字或多于两个字的词组。

具体的输入方法如下：

两个字的词组输入方法

如果输入两个字的词组，应按顺序先键入第一个字的前两个字根，再键入第二个字的前两个字根。如：

电话　应拆分为“日、乙”和“讠、丿”，于是应键入JNYT。

会议　应拆分为“人、二”和“讠、丶”，于是应键入WFYY。

理由　应拆分为“王、曰”和“由、丨”，于是应键入GJMH。由于“由”字是成字字根，所以应先键入代表“由”字的M键，然后键入“由”字的第一笔“丨”。

三个字的词组输入方法

如果输入三个字的词组，应按顺序先键入第一个字的第一个字根，再键入第二个字的第一个字根，最后键入第三个字的前两个字根。如：

笔记本　应拆分为“⺮、讠”和“木、一”，于是应键入TYSG。

动物园　应拆分为“二、丿”和“囗、二”，于是应键入FTLF。

妇女节　应拆分为“女、女”和“艹、卩”，于是应键入VVAB。其中第2个V键是指“女”字是成字字根，所以要先键入代表“女”字的V键。

联合国　应拆分为“耳、人”和“口、王”，于是应键入BWLG。

四个字的词组输入方法

如果输入四个字的词组，应按顺序键入每一个字的第一个字根。如：

鸡犬不宁　应拆分为“又、犬、一”和“宀”，于是应键入CDGP。其中“犬”字是成字字根，它的字根在D键上。

孤家寡人　应拆分为“子、宀、宀”和“人”，于是应键入BPPW。

四面八方　应拆分为“四、丆、八”和“亠”，于是应键入LDWY。其中“L”是指“四”字是成字字根，它的字根在L键上；“W”键是指“八”字是成字字根，它的字根在W键上。

多于四个字的词组输入方法

如果输入多于四个字的词组，应按顺序键入前三个字的第一个字根，然后键入最后一个字的第一字根。如：

人民代表大会　应拆分为“人、ㄱ、亻”和“人”，于是应键入WNWW。

中华人民共和国　应拆分为“口、亻、人”和“囗”，于是应键入KWWL。

新疆维吾尔自治区　应拆分为“立、弓、纟”和“匚”，于是应键入UXXA。

利用词组的输入可以大大地提高汉字的录入速度。虽然电脑键盘上的字符都是英文的，但就英汉对照的文章，有人专门作了比较，结果录入中文的速度大大快于英文的录入速度。因为一篇英文的文章中，其所有单词的平均字母数量都多于四个，而在汉语文章中，无论是否是词组，键入四次（有的还不到四次）即可。例如，“中华人民共和国”这个词组，只需键入四次，而用英文则是：THE REPUBLIC OF CHINA，连空格在内，一共需要键入 30 次。

3.3 自创五笔字型的词组

为了提高录入速度，多多利用词组确实是很好的办法。但是五笔字型词库量有限，不见得用户需要的词库内都有，而且语言是一门发展的艺术，新词不断出现，许多网络新词，往往在词库内就不存在。现在用在个人电脑上的五笔字型版本也比较多，很可能在一台电脑上有某一词组，但换另一台电脑就没了这一词组，因此用户自己创造词组就显得格外重要。例如，最近很流行的小说《丰乳肥臀》，很多电脑上没有这个词，现在我们来造这个词组。

因为如上所述，现在的五笔字型版本较多，不能一一举例，故本节仅用图 3-2 为例。如果读者用的是其他版本，其创造词组的方法大致相同。

（1）用鼠标右击“搜狗五笔输入法”，弹出图 3-3 的命令框，单击“设置”命令。

图 3-2 搜狗五笔图标

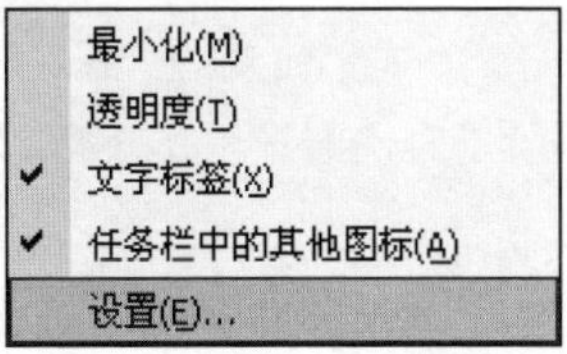

图 3-3 搜狗五笔输入法命令框

（2）弹出图 3-4 的“文字服务”对话框，单击“属性”按钮。

（3）弹出图 3-5 的“搜狗五笔输入法设置”对话框，单击“词库”命令。

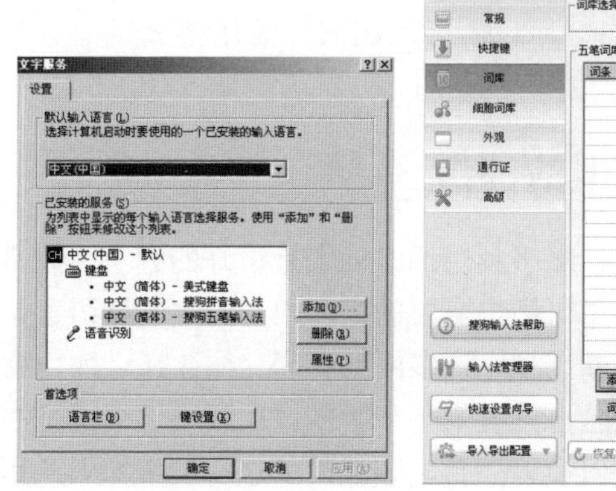

图 3-4　文字服务

图 3-5　搜狗五笔输入法设置

（4）单击图 3-5 中的“添加词条”命令。这时又弹出“造新词”的对话框，如图 3-6 所示。

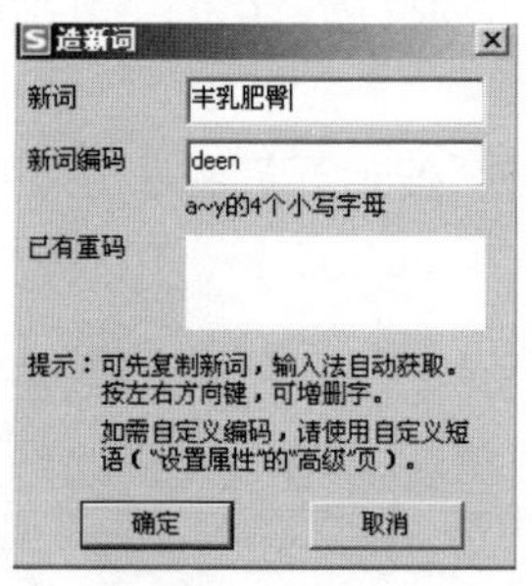

图 3-6　造新词

（5）在“造新词”对话框中的“新词”栏中输入新词，如本例的“丰乳肥臀”。在“新词编码”栏内自动出现 deen，实际上这正是“丰乳肥臀”的五笔编码。以后再输入该词时，就可以用词组的输入方法录入了。

3.4 偏旁和典型字的录入要点

一般来说，输入汉字时，首先要考虑偏旁。换句话说，如果对偏旁的录入比较熟悉，则录入的速度就会大大提高。另外有些字拆分有些难度，或对字根的组合有些难度。本节就这两项展开详细讨论。

偏旁的关键输入方法

初学者学习如下的方法后，以后一见到这些偏旁，就应该反应利用如下的方法输入，如表 3-1 所示。

表 3-1 中的偏旁根据《现代汉语词典（第 5 版）》整理而来。

表 3–1 偏旁的输入方法

偏旁	输入方法（键）	字例	编码
一画			
一	G	一	GGLL
丨	H	丰	DHK（空格）
丿	T	乃	ETN（空格）
丶	Y	丸	VYI（空格）
乙（弯）	N	卫	BGD
二画			
十	F	协	FLWY
厂	D	厌	DDI（空格）
匚	A	臣	AHNH
⺊	H	卣	HLNF

续表

偏旁	输入方法（键）	字例	编码
二画			
刂	J	钊	QJH（空格）
卜	H	外	QHY（空格）
冂	M	巾	MHK（空格）
亻	W	位	WUG（空格）
厂	R	反	RCI（空格）
八	W	扒	RWY（空格）
人	W	众	WWWU
入	TY	余	TYIU
𠂊	Q	焕	OQMD
勹	Q	勺	QYI（空格）
儿	Q	克	DQB（空格）
匕	X	叱	KXN（空格）
几	M	玑	GMN（空格）
亠	Y	衮	YCBE
冫	U	凉	UYIY
丷	U	单	UJFJ
冖	P	冥	PJUU
讠	Y	讧	YAG（空格）
凵	B	函	IBK（空格）
卩	B	卯	QTBH
阝	B	邗	FBH（空格）
刀	V	忍	VYNU
力	L	另	KLB（空格）

续表

偏旁	输入方法（键）	字例	编码
二画			
又	C	汉	ICY（空格）
厶	C	去	FCU（空格）
辶	P	迁	TFPK
㔾	B	卺	BIGB
三画			
干	F	汗	IFH（空格）
工	A	讧	YAG（空格）
土	F	堆	FWYG
士	F	仕	WFG（空格）
扌	R	掉	RHJH
艹	A	艺	ANB（空格）
寸	F	肘	EFY（空格）
廾	A	升	TAK（空格）
大	D	庆	YDI（空格）
兀	GQ	虺	GQJI
尢	DN	尬	DNWJ
弋	A	鸢	AQYG
小	I	尘	IFF（空格）
⺌	I	尝	IPFC
口	K	唱	KJJG
囗	L	园	LFQV
山	M	仙	WMH（空格）
巾	MH	肺	EGMH

续表

偏旁	输入方法（键）	字例	编码
三画			
彳	T	街	TFFH
彡	E	衫	PUET
犭	QT	狗	QTQK
夕	Q	砂	DQY（空格）
夂	T	条	TSU（空格）
饣	QN	饭	QNRC
丬	U	妆	UVG（空格）
广	Y	庙	YMD（空格）
门	U	闲	USI（空格）
氵	I	泛	ITPY
忄	N	惧	NHWY
宀	P	穴	PWU（空格）
辶	P	进	FJPK
彐	V	录	VIU（空格）
尸	N	屁	NXXV
已	N	已	NNNN
巳	N	导	NFU（空格）
弓	X	弗	XJK（空格）
子	B	仔	WBG（空格）
屮	BH	蚩	BHGJ
女	V	姓	VTGG
飞	NU	飞	NUI（空格）
马	C	驶	CKQY

续表

偏旁	输入方法（键）	字例	编码
三画			
彑	XG	互	GXGD
纟	X	给	XWGK
幺	X	畿	XXAL
巛	V	邕	VKCB
四画			
王	G	旺	JGG（空格）
无	FQ	怃	NFQN
韦	FNH	伟	WFNH
耂	FT	老	FTXB
木	S	沐	ISY（空格）
支	FC	岐	MFCY
犬	D	臭	THDU
歹	GQ	殃	GQMD
车	L	辇	FWFL
牙	AHT	呀	KAHT
戈	A	伐	WAT（空格）
比	XX	毕	XXFJ
瓦	GNYN	瓷	UQWN
止	H	肯	HEF（空格）
⺗	N	恭	AWNU
日	J	晶	JJJF
曰	J	晟	JDNT
贝	M	贡	AMU（空格）

续表

偏旁	输入方法（键）	字例	编码
四画			
氺	I	冰	UIY（空格）
见	MQ	砚	DMQN
牛	RH	牟	CRHJ
手	R	拿	WGKR
龵	R	看	RHF（空格）
气	RN	汽	IRNN
毛	TFN	撬	RTFN
攵	T	敕	GKIT
长	TAY	伥	WTAY
片	THGN	版	THGC
斤	R	昕	JRH（空格）
爪	RHY	抓	RRHY
爫	E	爱	EPDC
父	WQ	父	WQU
月	E	胆	EJGG
⺝	E	助	EGLN
氏	QA	芪	AQAB
欠	QW	次	UQWY
风	MQ	枫	SMQY
殳	MC	投	RMCY
文	Y	雯	FYU（空格）
方	Y	放	YTY（空格）
火	O	伙	WOY（空格）

续表

偏旁	输入方法（键）	字例	编码
四画			
斗	UF	抖	RUFH
灬	O	杰	SOU（空格）
户	YN	扁	YNMA
礻	PY	社	PYFG
心	N	芯	ANU（空格）
五画			
玉	GY	莹	APGY
示	FI	祭	WFIU
甘	AF	泔	IAFG
石	D	硕	DDMY
龙	DX	垄	DXFF
业	OG	邺	OGBH
目	H	泪	IHG
田	L	细	XLG（空格）
罒	L	置	LFHF
皿	L	血	TLD（空格）
钅	Q	锅	QKMW
生	TG	星	JTGF
矢	TD	知	TDKG
禾	T	秀	TEB（空格）
白	R	帛	RMHJ
瓜	RCY	呱	KRCY
鸟	QYNG	鸣	KQYG

续表

偏旁	输入方法（键）	字例	编码
五画			
疒	U	病	UGMW
立	U	翊	UNG（空格）
穴	PW	穹	PWXB
衤	PU	裆	PUIV
艮	VC	即	VCBH
疋	NH	胥	NHEF
皮	HC	波	IHCY
癶	W	癸	WGDU
矛	CBT	矜	CBTN
母	XGU	每	TXGU
六画			
耒	DI	耔	DIBG
老	FTX	者	FTXJ
耳	B	聃	BMFG
臣	AHNH	卧	AHNH
西	S	洒	ISG（空格）
而	DMJ	需	FDMJ
页	DM	颀	RDMY
至	GCF	侄	WGCF
虍	HA	虎	HAMV
虫	J	虽	KJU（空格）
夫	DW	春	DWJF
缶	RM	罂	MMRM

续表

偏旁	输入方法（键）	字例	编码
六画			
舌	TD	恬	NTDG
⺮	T	笛	TMF（空格）
臼	V	臾	VWI（空格）
自	TH	咱	KTHG
血	TL	衅	TLUF
舟	TE	艇	TETP
色	QC	绝	QQCN
齐	YJ	济	IYJH
衣	YE	依	WYEY
羊	UG	洋	IUGH
𦍌	UD	羌	UDNB
𦍌	UG	盖	UGLF
米	O	迷	OPI（空格）
聿	VFH	肆	DVFH
艮	VE	良	YVEI
羽	N	羿	NAJ（空格）
糸	XI	系	TXIU
七画			
麦	GT	唛	KGTY
艮	VC	即	VCBH
走	FH	越	FHAT
赤	FO	赭	FOFJ
豆	GKU	豇	GKUA

续表

偏旁	输入方法（键）	字例	编码
七画			
西	SG	酊	SGSH
辰	DFE	晨	JDFE
豕	E	豢	UDEU
卤	HLQ	鹾	HLQA
里	JF	重	TGJF
⻊	KH	跃	KHTD
足	KH	趸	DNKH
邑	KC	邕	VKCB
身	TMDT	射	TMDF
采	ES	彩	ESET
谷	WWK	欲	WWKW
豸	EE	豺	EEFT
角	QE	触	QEJY
言	Y	譬	NKUY
辛	U	僻	WNKU
八画			
青	GE	清	IGEG
龺	FJ	朝	FJEG
雨	F	霁	FYJJ
非	DJD	菲	ADJD
齿	HWB	龇	HWBX
黾	KJN	鼋	FQKN
隹	WY	雒	TKWY

续表

偏旁	输入方法（键）	字例	编码
八画			
金	Q	淦	IQG（空格）
鱼	QG	稣	QGTY
九画			
革	AF	勒	AFLN
面	DMJD	湎	IDMD
骨	ME	骰	MEMC
香	TJ	馥	TJTT
鬼	RQC	魁	RQCF
食	WYVE	餐	HQCE
音	UJ	韶	UJVK
十画			
髟	DE	髯	DEMF
鬲	GKMH	隔	BGKH
高	YMK	稿	TYMK
十画以上			
黄	AMW	潢	IAMW
麻	YSS	麾	YSSN
鹿	YNJX	麋	YNJO
黑	LFO	黠	LFOK
黍	TWIU	黏	TWIK
鼠	VNUN	鼹	VNUV
鼻	THLJ	鼾	THLF

典型字的输入方法

以下的汉字拆分和组成有一定的典型性，熟悉对它们的录入，对其他类似的汉字的录入，有很大的帮助，如表 3-2 所示。

表 3–2 典型字的输入方法

字例	输入方法	关键提示
腿	EVEP	字根“辶”不论处在什么位置，总是最后一个字根
莲	ALPU	
建	VFHP	
兆	IQV（空格）	“兆”字在录入时，先录入“冫く”后再录入字根“儿”
姚	VIQN	
戌	DYNT	“戌”这类字，最后一笔是“丿”，而不是“丶”；且第一个字根是“厂”，而不是“弋”
成	DNNT	
诚	YDNT	
九	VTN（空格）	“撇”加“弯”这类字，先录入字根“撇”，后录入“弯”
力	LTN（空格）	
仇	WVN（空格）	
忉	NVN（空格）	“刀”作为字根也是先录入字根“撇”，后录入“弯”，但作为成字字根，应该按书写顺序，先“弯”后“撇”
分	WVB（空格）	
初	PUVN	
刀	VNT（空格）	
尴	DNJL	第一个字根是“尢”，第二个字根是“乙”，而不是“九”
尬	DNWJ	
决	UNWY	凡是“有大弯”的，除“弓”等少数几个字根外，基本都在 N 键上
轧	LNN（空格）	
亿	WNN（空格）	

续表

字例	输入方法	关键提示
传	WFNY	
余	WTU（空格）	“余”字的第二字根是“禾”，而不是“一木”，更不是“二小”
斜	WTUF	
义	YQY（空格）	“义”字的第一个字根是“丶”，而不是“乂”
仪	WYQY	
刁	NGD（空格）	五笔字型的输入法规定，把“提横”当作“横”
堤	FJGH	
七	AGN（空格）	如：“柒”的第二个字根“七”；“颖”的第一个字根“匕”，差别在“横”和“撇”
匕	XTN（空格）	
柒	IASU	
颖	XTDM	
夜	YWTY	“夜”的第三个字根是“夂”，很容易被误当作Q键的“夕”
歹	GQI（空格）	
越	FHAT	“越”的第三个字根是“匚”；“东”的第一个字根是“七”，都在A键
东	AII（空格）	
看	RHF（空格）	“看”的第一个字根是“⺘”；“着”的前两个字根是“丷”和“⺶”
着	UDHF	
贰	AFMI	与我们的书写习惯不一样，一定要注意A键上的字根“弋”
戴	FALW	

3.5 巧用空格键、Z键、拼音方法和繁体字的输入方法

巧用空格键

在前述的五笔字型输入法中，空格键只是在录入汉字时，因为不够四个键符而做的补充。其实空格键对熟练的录入员来说，还有以下的好处。如，输入“汉”字时，应该是“ICY（空格）”，但是当键入“IC”后，提示框已经出现了“1. 汉　2. 治……”这时只要按空格键，第一个字就录入进去了。类似的字还有很多，只要是出现在第1的位置，就可以用空格键代替以后的一个或两个键。如：

加 名 东 雪 争 作 害 冯 阿 早 保 社 骨 下 马 纲 械

还有很多都是可以用两个键加一个空格键就可以完成录入的。之所以在前几课没有介绍的原因是为了让初学者打好坚实的基础。

巧用Z键

在前述的五笔字型输入法中，一直没有提到Z键。其实Z键是起“帮助”作用的。如前述，五笔字型的发明人王永民先生把所有的字根都合理地分布在除Z键以外的25个英文字符键上，而有意思的是Z键又能代表所有的字根。本书把Z键的功能称做“寻码”。意思是，当初学者一时不知道某个汉字应拆分为哪几字根时，可用Z键来帮助你找到正确的答案。例如，“魍”字的拆分，不知道第四个根应该是哪个键时，就可以按顺序录入前三个字根，即RQC后，再将Z键补上。于是在提示框内出现：

1. 魃 QRCC　2. 魑 RQCC　3. 魈 RQCE　4. 魁 RQCF
5. 鬼 RQCI　6. 魅 RQCI　7. 气象台 RQCK　8. 魍 RQCN

以上显示的字，可以通过PageDown键来翻页。最终找到“魍”字在第8个，“魍”的第4键应该键入N键。

又例如，“张”字的第3个字根不知该键入哪个键时，用Z键的方法是XTZY，于是在提示框出现：

1. 张 XTAY 2. 乡景 XTJY 3. 疑心 XTNY 4. 终久 XTQY……

我们可以看到第一个就是“张”字，其第三个键符应该是 A 键。

Z 键的使用帮我们解决了“寻码”的困难，但可惜的是目前有些五笔字型的版本没有 Z 键的功能。

巧用拼音方法

目前有一些五笔字型的版本，自带有拼音的功能。下面简单介绍如下。

第一种，虽然是在五笔字型的输入状态下，但直接录入拼音，会在五笔字型正常编码的情况下，出现拼音的汉字，如在五笔字型输入法状态下，输入“呀”字的拼音，键入的是“YA”，在提示框先出现五笔字型的编码，其后再出现其拼音，如：

1. 度 2. 试 3. 呀 4. 压 5. 牙……

可以通过 PageDown 键来翻页找到需要的字。

第二种，在五笔字型状态下，用鼠标单击输入法，可切换到五笔拼音状态，如用鼠标单击图 3-7（a）“五笔字型”，切换为（b）或（c）的状态，即可用拼音的方法录入汉字了。有些拼音输入方法也自带一些词组，读者可以试试看，哪一种方法更合适合自己，哪一种方法更快捷。

（a）五笔字型状态

（b）五笔拼音状态

（c）拼音输入状态

图 3-7 切换五笔输入状态

第三种，本身不带拼音输入法，所以不支持如上的方法，如果一定要用拼音输入，则必须切换到其他的拼音输入方法。

简体字/繁体字的切换方法

首先说明一点，由于用户使用的版本不同，所以本小节讲述的方法具有局限性。

在五笔字型输入法的状态下（有些版本在拼音的状态下也可以），同时按 Shift 键+Ctrl 键+F 键，输入法会切换到繁体字状态。如在“搜狗五笔输入法”下，提示框并没有任何变化，按正常的输入方法录入，但电脑出现的是繁体字。如，输入“台湾”，正确的录入应该是 CKIY。但在电脑上出现的是“台灣”，而录入“中华人民共和国”，键入 KWWL 后，出现的是“中華人民共和國”。

再次按 Shift 键+Ctrl 键+F 键，输入法又切换回简体字的状态。

如果利用 Office Word 2003 软件，可以选中某一段文字，再单击工具栏的繁图标，即可方便转换。

3.6 造字方法

五笔字型使用的是国家一、二级汉字字库，一共有 6758 个汉字，这些汉字对于我们日常应用，绰绰有余，甚至这些汉字中，有相当一部分字我们并不认识。

但是偶尔也会遇到字库里没有的汉字。如“堃”字，拆字很容易，是“方、土、方”，复合型结构，识别码是 D，于是输入应该是 YFYD，但电脑上显示不出来，说明字库内没有此字。解决的办法有两种。

一是换一种方法录入。比如，换成拼音输入法。幸好拼音字库中有“堃”字。顺便提示给读者，目前电脑配置的输入法，利用 Ctrl+Shift 键可以切换各种输入法，而有相当一部分版本是按 Shift 键就可以切换中文和英文的输入法状态。

二是利用造字的方法。以下介绍一种典型的造字方法。

（1）打开 Windows 的“画图”程序，如图 3-8 所示。

（2）单击工具栏中“A”图标后，就可以在空白处输入文字了。在空白处单击鼠标，出现一个虚线框。输入的文字将出现在框内。如果希望改变框的大小，可将鼠标光标压在虚线框的某一边或某一角，待光标出现双向箭头后，拖曳虚线就可以改变大小了。如，拖曳边框可以改变纵横方向；拖曳对角线的位置，则可以按比例改变框的大小。本例是将框加大了一些，并录入了“工”字。如图 3-9 所示。

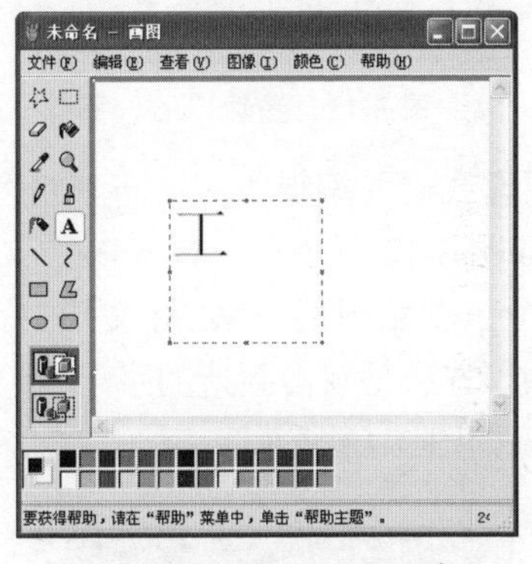

图 3-8 打开画图程序

图 3-9 录入汉字

（3）再将鼠标光标移到别处，用（2）的方法，录入“元”字，如图 3-9 所示。这里提到的“移到别处”，也可以用新的一个文件重新用如上的方法录入“元”字。

（4）鼠标离开，并重新单击工具栏的“虚线框”图标，再将虚线框套住“元”字，并尽量将框变小，完全框住“元”字，如图 3-10 所示。并使“元”字上出现粗“十”字，按住鼠标键不松手，移动“元”字到“工”字的下方，如图 3-11 所示。如果是用上述步骤（3）的新文件，则应该把“元”字复制或剪切下来，粘贴到“工”

字的下面。

图 3-10 框选"元"字

图 3-11 移动"元"字

（5）松开鼠标，重新选择"虚线框"编辑工具，将新组合的字再紧紧框住，并复制或剪切，如图 3-12 所示。

（6）将复制或剪切下来的新字，粘贴到某一 Word 文档中。如果大小和形状不满意，还可以修改，方法是双击新造的字" ⿱工元 "，这时弹出"设置图片格式"界面，如图 3-13 所示。

图 3-12 合并后复制或剪切" ⿱工元 "字

图 3-13 设置图片格式

（7）选择"大小"命令，如图 3-14 所示。选择相应的选项，并按“确定”按钮。以刚才造的字为例，因为现在造的字比较高，所以一方面要压低，还要拉宽。于是首先把“锁定纵横比”的选项去掉，再调整“高度”和“宽度”。如本例设“高度”为0.35，“宽度”为0.7，即“ [illegible] ”。

（8）“ [illegible] ”字已造好，复制或剪切后，粘贴到需要的位置。

以上的字是一个相对容易的造字，它是由两个完整的汉字拼在一起的。如果遇到造比较复杂的字，难免要用某个字的一部分，如，把“江”的“氵”留下，把“将”的“丬”去掉，把剩下的组合成左右结构的新字，方法如下。

（1）步骤同如上的（1）和（2）。录入“江”字。

（2）单击工具栏中的“橡皮擦”工具，用“橡皮擦”擦去不要的部分，只留下“氵”，如图3-15所示。

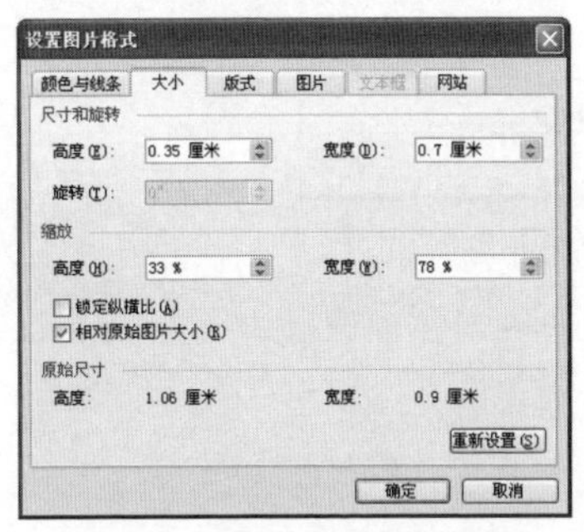

图3-14　设置图片格式大小

图3-15　取“江”字的左半部分

（3）在另一块空白处用同样的方法录入“将”字，并擦掉不需要的地方，只留下“将”字的右半部分，如图3-16所示。也可以参考 [illegible] 字的造字方法

氵 将

图3-16　取“将”字的右半部分

步骤（3）。

（4）鼠标离开，并重新单击工具栏的“虚线框”图标，再将虚线框套住“将”字的右半部分（留下的部分），并尽量将框变小，完全框住它，其上面出现粗“十”字后，按住鼠标键不松手，移动两个“半字”并组合一个新字。

（5）以下的步骤如上一例“ 亓 ”字造字方法第（5）、（6）、（7）、（8）步，于是新字“洿”就诞生了，如图 3-17 所示。

图 3-17　合并成新字

附录　五笔字型编码表（简明版）

为节省篇幅，本附录省略了极容易拆分的汉字，相信这一做法，不会对初学者有任何不利的影响。

本章学习要点

√ 五笔字型编码

A	
阿	BSKG
啊	KBSK
嗄	KDHT
AI	
哎	KAQY
哀	YEU
唉	KCTD
埃	FCTD
挨	RCTD
捱	RDFF
皑	RMNN
癌	UKKM
矮	TDTV
蔼	AYJN
霭	FYJN
爱	EPDC
隘	BUWL
嗌	KUWL
嫒	VEPC
碍	DJGF
暧	JEPC
瑷	GEPC
AN	
桉	SPVG
氨	RNPV
庵	YDJN
谙	YUJG
鹌	DJNG
鞍	AFPV
俺	WDJN
岸	MDFJ
按	RPVG
案	PVSU
胺	EPVG
暗	JUJG
黯	LFOJ
ANG	
肮	EYMN
昂	JQBJ
盎	MDLF
AO	
凹	MMGD
坳	FXLN
敖	GQTY
嗷	KGQT
獒	GQTD
遨	GQTP
熬	GQTO
翱	RDFN
鳌	GQTG
鏖	YNJQ
袄	PUTD
媪	VJLG
岙	TDMJ
傲	WGQT
奥	TMOD
骜	GQTC
澳	ITMD
懊	NTMD
鏊	GQTQ
BA	
八	WTY
巴	CNHN
叭	KWY
疤	UCV
捌	RKL
笆	TCB
粑	OCN
拔	RDCY
把	RCN
钯	QCN
靶	AFCN
爸	WQCB
罢	LFCU
鲅	QGDC
霸	FAFE
灞	IFAE
耙	DICN
BAI	
掰	RWVR
白	RRRR
百	DJF
佰	WDJG
摆	RLFC
败	MTY
拜	RDFH
BAN	
扳	RRCY
班	GYTG
般	TEMC
颁	WVDM
斑	GYGG
搬	RTEC
瘢	UTEC
癍	UGYG
坂	FRCY
板	SRCY
版	THGC
钣	QRCY
舨	TERC
办	LWI
半	UFK
伴	WUFH
扮	RWVN
拌	RUFH
绊	XUFH
瓣	URCU
BANG	
邦	DTBH
帮	DTBH
梆	SDTB
浜	IRGW
绑	XDTB
榜	SUPY
膀	EUPY
蚌	JDHH
傍	WUPY
谤	YUPY
棒	SDWH
蒡	AUPY
磅	DUPY
镑	QUPY
BAO	
包	QNV
孢	BQNN
苞	AQNB
胞	EQNN
煲	WKSO
龅	HWBN
褒	YWKE
雹	FQNB
宝	PGYU
饱	QNQN
保	WKSY
鸨	XFQG
堡	WKSF
葆	AWKS
褓	PUWS
报	RBCY
抱	RQNN
豹	EEQY
趵	KHQY
鲍	QGQN
暴	JAWI
爆	OJAI
薄	AIGF
BEI	
呗	KMY
卑	RTFJ
杯	SGIY
悲	DJDN
碑	DRTF
北	UXN
贝	MHNY
狈	QTMY
备	TLF
背	UXEF
钡	QMY
倍	WUKG

悖	NFPB
被	PUHC
焙	OUKG
辈	DJDL
蓓	AWUK
鐾	NKUQ
孛	FPBF
BEN	
奔	DFAJ
贲	FAMU
本	SGD
苯	ASGF
坌	WVFF
笨	TSGF
BENG	
蚌	JDHH
崩	MEEF
绷	XEEG
嘣	KMEE
甭	GIEJ
泵	DIU
迸	UAPK
蹦	KHME
BI	
逼	GKLP
荸	AFPB
鼻	THL
匕	XTN
比	XXN
吡	KXXN
妣	VXXN
彼	THCY
秕	TXXN

俾	WRTF
笔	TTFN
舭	TEXX
鄙	KFLB
币	TMHK
必	NTE
毕	XXFJ
闭	UFTE
庇	YXXV
畀	LGJJ
哔	KXXF
毖	XXNT
荜	AXXF
陛	BXXF
毙	XXGX
狴	QTXF
铋	QNTT
婢	VRTF
敝	UMIT
弼	XDJX
痹	ULGJ
蓖	ATLX
裨	PURF
辟	NKUH
弊	UMIA
碧	GRDF
蔽	AUMT
壁	NKUF
嬖	NKUV
篦	TTLX
薜	ANKU
避	NKUP
臂	NKUE

璧	NKUY
襞	NKUE
BIAN	
边	LPV
砭	DTPY
笾	TLPU
编	XYNA
煸	OYNA
蝙	JYNA
鳊	QGYA
鞭	AFWQ
贬	MTPY
扁	YNMA
窆	PWTP
匾	AYNA
碥	DYNA
褊	PUYA
卞	YHU
弁	CAJ
忭	NYHY
汴	IYHY
苄	AYHU
便	WGJQ
变	YOCU
缏	XWGQ
遍	YNMP
辨	UYTU
辩	UYUH
辫	UXUH
BIAO	
彪	HAME
标	SFIY
飑	MQQN

骠	CSFI
膘	ESFI
镖	QSFI
飙	DDDQ
飚	MQOO
镳	QYNO
表	GEU
婊	VGEY
裱	PUGE
鳔	QGSI
BIE	
憋	UMIN
鳖	UMIG
别	KLJH
蹩	UMIH
瘪	UTHX
BIN	
宾	PRGW
傧	WPRW
斌	YGAH
滨	IPRW
缤	XPRW
濒	IHIM
豳	EEMK
摈	RPRW
殡	GQPW
膑	EPRW
髌	MEPW
鬓	DEPW
玢	GWVN
BING	
兵	RGWU
丙	GMWI

邴	GMWB
秉	TGVI
柄	SGMW
炳	OGMW
饼	QNUA
禀	YLKI
并	UAJ
病	UGMW
摒	RNUA
BO	
拨	RNTY
波	IHCY
玻	GHCY
剥	VIJH
钵	QSGG
饽	QNFB
啵	KIHC
脖	EFPB
菠	AIHC
播	RTOL
孛	FPBF
驳	CQQY
帛	RMHJ
勃	FPBL
亳	YPTA
钹	QDCY
舶	TERG
博	FGEF
渤	IFPL
鹁	FPBG
搏	RGEF
箔	TIRF
膊	EGEF

薄	AIGF
礴	DAIF
跛	KHHC
簸	TADC
擘	NKUR
檗	NKUS
BU	
逋	GEHP
晡	JGEY
醭	SGOY
卜	HHY
补	PUHY
哺	KGEY
捕	RGEY
不	GII I(简码)
布	DMHJ
步	HIR
怖	NDMH
钚	QGIY
部	UKBH
埠	FWNF
瓿	UKGN
簿	TIGF
CA	
擦	RPWI
嚓	KPWI
CAI	
猜	QTGE
才	FTE
材	SFTT
财	MFTT
裁	FAYE
采	ESU
彩	ESET
睬	HESY
踩	KHES
菜	AESU
蔡	AWFI
CAN	
参	CDER
骖	CCDE
餐	HQCE
残	GQGT
蚕	GDJU
惭	NLRH
惨	NCDE
黪	LFOE
粲	HQCO
璨	GHQO
孱	NBBB
CANG	
仓	WBB
伧	WWBN
沧	IWBN
苍	AWBB
舱	TEWB
藏	ADNT
CAO	
操	RKKS
糙	OTFP
曹	GMAJ
嘈	KGMJ
漕	IGMJ
槽	SGMJ
螬	JGMJ
草	AJJ
耖	DIIT
CE	
册	MMGD
侧	WMJH
厕	DMJK
测	IMJH
策	TGMI
CEN	
岑	MWYN
CENG	
噌	KULJ
层	NFCI
蹭	KHUJ
曾	ULJ
CHA	
叉	CYI
杈	SCYY
插	RTFV
馇	QNSG
锸	QTFV
查	SJGF
茬	ADHF
茶	AWSU
搽	RAWS
猹	QTSG
槎	SUDA
察	PWFI
碴	DSJG
檫	SPWI
衩	PUCY
镲	QPWI
汊	ICYY
岔	WVMJ
诧	YPTA
姹	VPTA
差	UDAF
CHAI	
拆	RRYY
钗	QCYY
侪	WYJH
柴	HXSU
豺	EEFT
虿	DNJU
CHAN	
觇	HKMQ
掺	RCDE
搀	RQKU
婵	VUJF
谗	YQKU
孱	NBBB
禅	PYUF
馋	QNQU
缠	XYJF
蝉	JUJF
潺	INBB
蟾	JQDY
躔	KHYF
产	UTE U(简码)
谄	YQVG
铲	QUTT
阐	UUJF
忏	NTFH
颤	YLKM
羼	NUDD
澶	IYLG
骣	CNBB
CHANG	
伥	WTAY
娼	VJJG
猖	QTJJ
菖	AJJF
阊	UJJD
鲳	QGJJ
长	TAYI
肠	ENRT
苌	ATAY
尝	IPFC
偿	WIPC
常	IPKH
徜	TIMK
嫦	VIPH
厂	DGT
场	FNRT
昶	YNIJ
敞	IMKT
氅	IMKN
怅	NTAY
畅	JHNR
鬯	QOBX
CHAO	
抄	RITT
怊	NVKG
钞	QITT
超	FHVK
晁	JIQB
巢	VJSU
朝	FJEG

嘲	KFJE
潮	IFJE
耖	DIIT
剿	VJSJ
CHE	
车	LGNH
砗	DLHH
扯	RHGG
彻	TAVN
坼	FRYY
掣	RMHR
撤	RYCT
澈	IYCT
CHEN	
抻	RJHH
郴	SSBH
琛	GPWS
臣	AHNH
忱	NPQN
沉	IPMN
辰	DFEI
陈	BAIY
宸	PDFE
晨	JDFE
谌	YADN
碜	DCDE
衬	PUFY
称	TQIY
龀	HWBX
趁	FHWE
CHENG	
撑	RIPR
瞠	HIPF

丞	BIGF
成	DNNT
承	BDII
枨	STAY
诚	YDNT
城	FDNT
乘	TUXV
埕	FKGG
铖	QDNT
惩	TGHN
裎	PUKG
塍	EUDF
酲	SGKG
澄	IWGU
橙	SWGU
逞	KGPD
骋	CMGN
秤	TGUH
CHI	
吃	KTNN
哧	KFOY
蚩	BHGJ
鸱	QAYG
眵	HQQY
笞	TCKF
嗤	KBHJ
痴	UTDK
螭	JYBC
魑	RQCC
弛	XBN
池	IBN
驰	CBN
迟	NYPI

持	RFFY
墀	FNIH
踟	KHTK
尺	NYI
侈	WQQY
齿	HWBJ
耻	BHG
豉	GKUC
叱	KXNN
斥	RYI
赤	FOU
炽	OKWY
翅	FCND
CHONG	
充	YCQB
忡	NKHH
茺	AYCQ
舂	DWVF
憧	NUJF
艟	TEUF
虫	JHNY
崇	MPFI
宠	PDXB
铳	QYCQ
重	TGJF
CHOU	
瘳	UNWE
俦	WDTF
帱	MHDF
惆	NMFK
绸	XMFK
畴	LDTF
愁	TONU

稠	TMFK
筹	TDTF
酬	SGYH
踌	KHDF
雠	WYYY
丑	NFD
瞅	HTOY
臭	THDU
CHU	
出	BMK
初	PUVN
樗	SFFN
刍	QVF
除	BWTY
厨	DGKF
滁	IBWT
锄	QEGL
蜍	JWTY
雏	QVWY
橱	SDGF
躇	KHAJ
蹰	KHDF
杵	STFH
础	DBMH
储	WYFJ
楮	SFTJ
楚	SSNH
褚	PUFJ
亍	FHK
处	THI
怵	NSYY
绌	XBMH
搐	RYXL

触	QEJY
黜	LFOM
矗	FHFH
CHUAI	
揣	RMDJ
啜	KCCC
踹	KHMJ
CHUAN	
川	KTHH
氚	RNKJ
穿	PWAT
传	WFNY
舡	TEAG
船	TEMK
遄	MDMP
椽	SXEY
喘	KMDJ
串	KKHK
钏	QKH
CHUANG	
闯	UCD
疮	UWBV
窗	PWTQ
床	YSI
创	WBJH
怆	NWBN
CHUI	
炊	OQWY
垂	TGAF
陲	BTGF
捶	RTGF
棰	STGF
槌	SWNP

锤	QTGF
CHUN	
春	DWJF
椿	SDWJ
蝽	JDWJ
纯	XGBN
唇	DFEK
莼	AXGN
淳	IYBG
鹑	YBQG
醇	SGYB
蠢	DWJJ
CHUO	
踔	KHHJ
戳	NWYA
绰	XHJH
辍	LCCC
龊	HWBH
CI	
呲	KHXN
疵	UHXV
词	YNGK
祠	PYNK
茈	AHXB
茨	AUQW
瓷	UQWN
慈	UXXN
辞	TDUH
磁	DUXX
雌	HXWY
鹚	UXXG
糍	OUXX
此	HXN

次	UQWY
刺	GMIJ
赐	MJQR
伺	WNGK
CONG	
囱	TLQI
匆	QRYI
葱	AQRN
骢	CTLN
璁	GTLN
聪	BUKN
丛	WWGF
淙	IPFI
琮	GPFI
COU	
凑	UDWD
楱	SDWD
腠	EDWD
辏	LDWD
CU	
粗	OEGG
徂	TEGG
殂	GQEG
促	WKHY
猝	QTYF
酢	SGTF
蔟	AYTD
醋	SGAJ
簇	TYTD
蹙	DHIH
蹴	KHYN
CUAN	
汆	TYIU

撺	RPWH
镩	QPWH
蹿	KHPH
窜	PWKH
篡	THDC
CUI	
崔	MWYF
催	WMWY
摧	RMWY
榱	SYKE
璀	GMWY
脆	EQDB
啐	KYWF
悴	NYWF
淬	IYWF
萃	AYWF
毳	TFNN
瘁	UYWF
粹	OYWF
翠	NYWF
隹	WYG
CUN	
皴	CWTC
存	DHBD
忖	NFY
寸	FGHY
CUO	
搓	RUDA
磋	DUDA
撮	RJBC
蹉	KHUA
嵯	MUDA
痤	UWWF

矬	TDWF
挫	RWWF
措	RAJG
锉	QWWF
错	QAJG
DA	
哒	KDPY
耷	DBF
搭	RAWK
嗒	KAWK
褡	PUAK
达	DPI
妲	VJGG
怛	NJGG
沓	IJF
答	TWGK
瘩	UAWK
靼	AFJG
鞑	AFDP
打	RSH
大	DDDD
DAI	
呆	KSU
呔	KDYY
歹	GQI
傣	WDWI
代	WAY
岱	WAMJ
甙	AAFD
迨	CKPD
带	GKPH
待	TFFY
怠	CKNU

殆	GQCK
玳	GWAY
贷	WAMU
埭	FVIY
袋	WAYE
逮	VIPI
戴	FALW
黛	WALO
DAN	
丹	MYD
单	UJFJ
担	RJGG
眈	HPQN
耽	BPQN
郸	UJFB
聃	BMFG
殚	GQUF
瘅	UUJF
箪	TUJF
儋	WQDY
胆	EJGG
疸	UJGD
掸	RUJF
但	WJGG
诞	YTHP
啖	KOOY
弹	XUJF
惮	NUJF
淡	IOOY
蛋	NHJU
氮	RNOO
澹	IQDY

DANG	
铛	QIVG
当	IVF
裆	PUIV
挡	RIVG
党	IPKQ
谠	YIPQ
凼	IBK
宕	PDF
砀	DNRT
荡	AINR
档	SIVG
DAO	
刀	VNT
叨	KVN
忉	NVN
氘	RNJJ
导	NFU
岛	QYNM
倒	WGCJ
捣	RQYM
祷	PYDF
蹈	KHEV
到	GCFJ
悼	NHJH
焘	DTFO
盗	UQWL
道	UTHP
稻	TEVG
纛	GXFI
DE	
得	TJGF
锝	QJGF
德	TFLN
DENG	
登	WGKU
噔	KWGU
簦	TWGU
蹬	KHWU
等	TFFU
戥	JTGA
凳	WGKM
嶝	MWGU
瞪	HWGU
磴	DWGU
镫	QWGU
DI	
的	RQY
	R(简码)
低	WQAY
羝	UDQY
堤	FJGH
嘀	KUMD
滴	IUMD
镝	QUMD
狄	QTOY
籴	TYOU
迪	MPD
敌	TDTY
涤	ITSY
荻	AQTO
笛	TMF
嫡	VUMD
氐	QAYI
诋	YQAY
邸	QAYB
坻	FQAY
底	YQAY
抵	RQAY
柢	SQAY
砥	DQAY
骶	MEQY
地	FBN
	F(简码)
弟	UXHT
帝	UPMH
娣	VUXT
递	UXHP
第	TXHT
谛	YUPH
棣	SVIY
缔	XUPH
蒂	AUPH
碲	DUPH
DIA	
嗲	KWQQ
DIAN	
掂	RYHK
滇	IFHW
颠	FHWM
巅	MFHM
癫	UFHM
典	MAWU
点	HKOU
碘	DMAW
踮	KHYK
电	JNV
佃	WLG
甸	QLD
阽	BHKG
坫	FHKG
店	YHKD
垫	RVYF
玷	GHKG
钿	QLG
惦	NYHK
淀	IPGH
奠	USGD
殿	NAWC
靛	GEPH
癜	UNAC
DIAO	
刁	NGD
叼	KNGG
凋	UMFK
貂	EEVK
碉	DMFK
雕	MFKY
鲷	QGMK
吊	KMHJ
钓	QQYY
调	YMFL
掉	RHJH
铞	QKMH
铫	QIQN
DIE	
爹	WQQQ
跌	KHRW
迭	RWPI
谍	YANS
喋	KANS
堞	FANS
揲	RANS
耋	FTXF
叠	CCCG
牒	THGS
碟	DANS
蝶	JANS
蹀	KHAS
鲽	QGAS
DING	
丁	SGH
疔	USK
耵	BSH
酊	SGSH
町	LSH
顶	SDMY
鼎	HNDN
定	PGHU
啶	KPGH
腚	EPGH
碇	DPGH
锭	QPGH
DIU	
丢	TFCU
铥	QTFC
DONG	
东	AII
冬	TUU
咚	KTUY
岽	MAIU
氡	RNTU
鸫	AIQG
董	ATGF
懂	NATF

动	FCLN
冻	UAIY
侗	WMGK
垌	FMGK
峒	MMGK
恫	NMGK
栋	SAIY
洞	IMGK
胨	EAIY
胴	EMGK
硐	DMGK
DOU	
都	FTJB
兜	QRNQ
蔸	AQRQ
篼	TQRQ
斗	UFK
抖	RUFH
陡	BFHY
蚪	JUFH
豆	GKU
逗	GKUP
痘	UGKU
窦	PWFD
DU	
嘟	KFTB
督	HICH
毒	GXGU
读	YFND
渎	IFND
犊	TRFD
黩	LFOD
髑	MELJ

独	QTJY
笃	TCF
堵	FFTJ
赌	MFTJ
睹	HFTJ
芏	AFF
妒	VYNT
度	YACI
渡	IYAC
镀	QYAC
蠹	GKHJ
DUAN	
端	UMDJ
短	TDGU
段	WDMC
断	ONRH
缎	XWDC
椴	SWDC
煅	OWDC
锻	QWDC
簖	TONR
DUI	
堆	FWYG
兑	UKQB
怼	CFNU
碓	DWYG
憝	YBTN
镦	QYBT
DUN	
吨	KGBN
敦	YBTY
墩	FYBT
礅	DYBT

蹲	KHUF
盹	HGBN
趸	DNKH
囤	LGBN
沌	IGBN
炖	OGBN
盾	RFHD
砘	DGBN
钝	QGBN
顿	GBNM
遁	RFHP
DUO	
多	QQU
咄	KBMH
哆	KQQY
夺	DFU
铎	QCFH
踱	KHYC
朵	MSU
哚	KMSY
垛	FMSY
缍	XTGF
躲	TMDS
剁	MSJH
堕	BDEF
舵	TEPX
惰	NDAE
跺	KHMS
柁	SPXN
E	
屙	NBSK
讹	YWXN
俄	WTRT

娥	VTRT
峨	MTRT
莪	ATRT
锇	QTRT
鹅	TRNG
蛾	JTRT
额	PTKM
婀	VBSK
厄	DBV
呃	KDBN
扼	RDBN
轭	LDBN
垩	GOGF
恶	GOGN
饿	QNTT
谔	YKKN
鄂	KKFB
愕	NKKN
萼	AKKN
遏	JQWP
腭	EKKN
锷	QKKN
鹗	KKFG
颚	KKFM
噩	GKKK
鳄	QGKN
EN	
恩	LDNU
摁	RLDN
ER	
儿	QTN
而	DMJJ
尔	QIU

耳	BGHG
迩	QIPI
洱	IBG
饵	QNBG
珥	GBG
铒	QBG
贰	AFMI
FA	
发	NTCY
	V(简码)
乏	TPI
伐	WAT
垡	WAFF
罚	LYJJ
阀	UWAE
筏	TWAR
法	IFCY
砝	DFCY
珐	GFCY
FAN	
帆	MHMY
番	TOLF
幡	MHTL
翻	TOLN
藩	AITL
凡	MYI
矾	DMYY
钒	QMYY
烦	ODMY
樊	SQQD
蕃	ATOL
燔	OTOL
繁	TXGI

蹯	KHTL
反	RCI
返	RCPI
犯	QTBN
泛	ITPY
饭	QNRC
范	AIBB
贩	MRCY
畈	LRCY
梵	SSMY
FANG	
方	YYGN
坊	FYN
芳	AYB
枋	SYN
钫	QYN
防	BYN
妨	VYN
房	YNYV
鲂	QGYN
舫	TEYN
放	YTY
FEI	
飞	NUI
妃	VNN
非	DJDD
啡	KDJD
绯	XDJD
菲	ADJD
扉	YNDD
蜚	DJDJ
霏	FDJD
鲱	QGDD

淝	IECN
腓	EDJD
匪	ADJD
诽	YDJD
悱	NDJD
斐	DJDY
榧	SADD
翡	DJDN
篚	TADD
废	YNTY
沸	IXJH
狒	QTXJ
肺	EGMH
费	XJMU
痱	UDJD
芾	AGMH
FEN	
分	WVB
吩	KWVN
纷	XWVN
芬	AWVB
氛	RNWV
酚	SGWV
汾	IWVN
棼	SSWV
焚	SSOU
鼢	VNUV
粉	OWVN
份	WWVN
奋	DLF
忿	WVNU
愤	NFAM
粪	OAWU

FENG	
丰	DHK
风	MQI
沣	IDHH
枫	SMQY
封	FFFY
疯	UMQI
砜	DMQY
峰	MTDH
烽	OTDH
锋	QTDH
蜂	JTDH
逢	TDHP
缝	XTDP
讽	YMQY
唪	KDWH
凤	MCI
奉	DWFH
俸	WDWH
FO	
佛	WXJH
FOU	
否	GIKF
FU	
夫	FWI
肤	EFWY
麸	GQFW
稃	TEBG
趺	KHWF
孵	QYTB
敷	GEHT
弗	XJK
凫	QYNM

孚	EBF
扶	RFWY
芙	AFWU
芾	AGMH
怫	NXJH
拂	RXJH
服	EBCY
绂	XDCY
绋	XXJH
俘	WEBG
氟	RNXJ
罘	LGIU
茯	AWDU
浮	IEBG
蚨	JFWY
匐	QGKL
桴	SEBG
涪	IUKG
符	TWFU
袱	PUWD
幅	MHGL
福	PYGL
蜉	JEBG
辐	LGKL
幞	MHOY
蝠	JGKL
呒	KFQN
抚	RFQN
甫	GEHY
府	YWFI
拊	RWFY
斧	WQRJ
俯	WYWF

釜	WQFU
辅	LGEY
腑	EYWF
滏	IWQU
腐	YWFW
黼	OGUY
讣	YHY
付	WFY
妇	VVG
负	QMU
附	BWFY
咐	KWFY
阜	WNNF
驸	CWFY
复	TJTU
赴	FHHI
副	GKLJ
傅	WGEF
富	PGKL
赋	MGAH
缚	XGEF
腹	ETJT
鲋	QGWF
赙	MGEF
蝮	JTJT
鳆	QGTT
覆	STTT
馥	TJTT
GA	
旮	VJF
尜	IDIU
嘎	KDHA
噶	KAJN

尬	DNWJ
GAI	
该	YYNW
陔	BYNW
垓	FYNW
赅	MYNW
改	NTY
丐	GHNV
钙	QGHN
盖	UGLF
溉	IVCQ
概	SVCQ
GAN	
干	FGGH
甘	AFD
杆	SFH
肝	EFH
坩	FAFG
泔	IAFG
苷	AAFF
柑	SAFG
竿	TFJ
疳	UAFD
尴	DNJL
秆	TFH
赶	FHFK
敢	NBTY
感	DGKN
橄	SNBT
擀	RFJF
绀	XAFG
淦	IQG
赣	UJTM

GANG	
冈	MQI
刚	MQJH
岗	MMQU
纲	XMQY
缸	RMAG
钢	QMQY
罡	LGHF
港	IAWN
戆	UJTN
GAO	
皋	RDFJ
羔	UGOU
高	YMKF
槔	SRDF
睾	TLFF
膏	YPKE
篙	TYMK
糕	OUGO
杲	JSU
搞	RYMK
缟	XYMK
槁	SYMK
稿	TYMK
镐	QYMK
告	TFKF
诰	YTFK
郜	TFKB
锆	QTFK
GE	
戈	AGNT
圪	FTNN
纥	XTNN

疙	UTNV
哥	SKSK
胳	ETKG
袼	PUTK
鸽	WGKG
割	PDHJ
搁	RUTK
歌	SKSW
阁	UTKD
革	AFJ
格	STKG
鬲	GKMH
葛	AJQN
隔	BGKH
嗝	KGKH
塥	FGKH
搿	RWGR
膈	EGKH
镉	QGKH
骼	METK
哿	LKSK
舸	TESK
虼	JTNN
硌	DTKG
铬	QTKG
颌	WGKM
咯	KTKG
仡	WTNN
GEN	
根	SVEY
跟	KHVE
哏	KVEY
亘	GJGF

艮	VEI
茛	AVEU
GENG	
更	GJQI
庚	YVWI
耕	DIFJ
羹	UGOD
哽	KGJQ
埂	FGJQ
绠	XGJQ
耿	BOY
梗	SGJQ
鲠	QGGQ
GONG	
工	AAAA
	A(简码)
弓	XNGN
公	WCU
功	ALN
攻	ATY
供	WAWY
宫	PKKF
恭	AWN
蚣	JWCY
躬	TMDX
龚	DXAW
觥	QEIQ
巩	AMYY
汞	AIU
拱	RAWY
珙	GAWY
共	AWU
贡	AMU

GOU	
勾	QCI
佝	WQKG
沟	IQCY
钩	QQCY
篝	TFJF
鞲	AFFF
岣	MQKG
狗	QTQK
苟	AQKF
枸	SQKG
笱	TQKF
构	SQCY
诟	YRGK
购	MQCY
垢	FRGK
够	QKQQ
媾	VFJF
遘	FJGP
觏	FJGQ
GU	
估	WDG
咕	KDG
姑	VDG
孤	BRCY
轱	LDG
鸪	DQYG
菇	AVDF
菰	ABRY
蛄	JDG
觚	QERY
辜	DUJ
酤	SGDG

毂	FPLC
箍	TRAH
鹘	MEQG
古	DGHG
谷	WWKF
股	EMCY
牯	TRDG
骨	MEF
罟	LDF
钴	QDG
蛊	JLF
鹄	TFKG
鼓	FKUC
嘏	DNHC
臌	EFKC
瞽	FKUH
固	LDD
顾	DBDM
崮	MLDF
梏	STFK
牿	TRTK
雇	YNWY
痼	ULDD
锢	QLDG
鲴	QGLD
GUA	
瓜	RCYI
刮	TDJH
鸹	TDQG
呱	KRCY
剐	KMWJ
寡	PDEV
卦	FFHY
诖	YFFG
挂	RFFG
褂	PUFH
栝	STDG
GUAI	
乖	TFUX
掴	RLGY
拐	RKLN
怪	NCFG
GUAN	
关	UDU
观	CMQN
官	PNHN
冠	PFQF
倌	WPNN
棺	SPNN
鳏	QGLI
馆	QNPN
管	TPNN
贯	XFMU
惯	NXFM
掼	RXFM
涫	IPNN
盥	QGIL
灌	IAKY
鹳	AKKG
罐	RMAY
GUANG	
光	IQB
咣	KIQN
桄	SIQN
广	YYGT
犷	QTYT
逛	QTGP
GUI	
圭	FFF
妫	VYLY
龟	QJNB
规	FWMQ
皈	RRCY
闺	UFFD
硅	DFFG
瑰	GRQC
鲑	QGFF
宄	PVB
轨	LVN
匦	ALVV
诡	YQDB
癸	WGDU
鬼	RQCI
晷	JTHK
刽	WFCJ
刿	MQJH
柜	SANG
贵	KHGM
桂	SFFG
跪	KHQB
桧	SWFC
GUN	
衮	UCEU
绲	XJXX
辊	LJXX
滚	IUCE
磙	DUCE
鲧	QGTI
棍	SJXX
GUO	
呙	KMWU
埚	FKMW
郭	YBBH
崞	MYBG
聒	BTDG
锅	QKMW
蝈	JLGY
国	LGYI
	L(简码)
帼	MHLY
掴	RLGY
虢	EFHM
馘	UTHG
果	JSI
过	FPI
涡	IKMW
HAI	
嗨	KITU
孩	BYNW
骸	MEYW
海	ITXU
胲	EYNW
亥	YNTW
骇	CYNW
害	PDHK
氦	RNYW
还	GIPI
HAN	
犴	QTFH
顸	FDMY
蚶	JAFG
酣	SGAF
憨	NBTN
鼾	THLF
含	WYNK
邯	AFBH
函	BIBK
晗	JWYK
涵	IBIB
焓	OWYK
寒	PFJU
韩	FJFH
罕	PWFJ
喊	KDGT
汉	ICY
汗	IFH
旱	JFJ
悍	NJFH
捍	RJFH
焊	OJFH
菡	ABIB
颔	WYNM
撖	RNBT
憾	NDGN
撼	RDGN
翰	FJWN
瀚	IFJN
HANG	
夯	DLB
杭	SYMN
绗	XTFH
航	TEYM
颃	YMDM
沆	IYMN

HAO	
蒿	AYMK
薅	AVDF
蚝	JTFN
毫	YPTN
嗥	KRDF
豪	YPEU
嚎	KYPE
壕	FYPE
濠	IYPE
郝	FOBH
号	KGNB
昊	JGDU
浩	ITFK
耗	DITN
皓	RTFK
颢	JYIM
HE	
诃	YSKG
呵	KSKG
喝	KJQN
禾	TTTT
何	WSKG
劾	YNTL
和	TKG
	T(简码)
河	ISKG
曷	JQWN
阂	UYNW
核	SYNW
盍	FCLF
荷	AWSK
涸	ILDG
盒	WGKL
菏	AISK
蚵	JSKG
颌	WGKM
貉	EETK
阖	UFCL
翮	GKMN
贺	LKMU
褐	PUJN
赫	FOFO
鹤	PWYG
壑	HPGF
HEI	
黑	LFOU
嘿	KLFO
HEN	
痕	UVEI
很	TVEY
狠	QTVE
恨	NVEY
HENG	
亨	YBJ
哼	KYBH
恒	NGJG
桁	STFH
珩	GTFH
横	SAMW
衡	TQDH
蘅	ATQH
HONG	
轰	LCCU
哄	KAWY
訇	QYD
烘	OAWY
薨	ALPX
弘	XCY
红	XAG
宏	PDCU
泓	IXCY
洪	IAWY
荭	AXAF
虹	JAG
鸿	IAQG
HOU	
侯	WNTD
喉	KWND
猴	QTWD
瘊	UWND
糇	OWND
骺	MERK
吼	KBNN
后	RGKD
厚	DJBD
逅	RGKP
候	WHND
堠	FWND
HU	
乎	TUHK
呼	KTUH
忽	QRNU
烀	OTUH
轷	LTUH
唿	KQRN
惚	NQRN
滹	IHAH
弧	XRCY
狐	QTRY
壶	FPOG
斛	QEUF
湖	IDEG
猢	QTDE
葫	ADEF
煳	ODEG
瑚	GDEG
鹕	DEQG
槲	SQEF
糊	ODEG
蝴	JDEG
醐	SGDE
觳	FPGC
虎	HAMV
浒	IYTF
唬	KHAM
琥	GHAM
互	GXGD
户	YNE
冱	UGXG
护	RYNT
沪	IYNT
扈	YNKC
HUA	
花	AWXB
华	WXFJ
哗	KWXF
骅	CWXF
铧	QWXF
滑	IMEG
猾	QTME
划	AJH
画	GLBJ
话	YTDG
桦	SWXF
HUAI	
怀	NGIY
徊	TLKG
淮	IWYG
槐	SRQC
踝	KHJS
坏	FGIY
HUAN	
欢	CQWY
獾	QTAY
还	GIPI
洹	IGJG
桓	SGJG
萑	AWYF
锾	QEFC
寰	PLGE
缳	XLGE
鬟	DELE
缓	XEFC
幻	XNN
奂	QMDU
宦	PAHH
唤	KQMD
换	RQMD
浣	IPFQ
涣	IQMD
患	KKHN
焕	OQMD
痪	UQMD
豢	UDEU

鲩	QGPQ
圜	LLGE
HUANG	
荒	AYNQ
慌	NAYQ
皇	RGF
凰	MRGD
隍	BRGG
黄	AMWU
徨	TRGG
惶	NRGG
湟	IRGG
遑	RGPD
煌	ORGG
潢	IAMW
璜	GAMW
蝗	JRGG
癀	UAMW
磺	DAMW
簧	TAMW
蟥	JAMW
鳇	QGRG
恍	NIQN
晃	JIQB
谎	YAYQ
幌	MHJQ
HUI	
灰	DOU
诙	YDOY
咴	KDOY
恢	NDOY
挥	RPLH
虺	GQJI

晖	JPLH
辉	IQPL
麾	YSSN
徽	TMGT
隳	BDAN
回	LKD
洄	ILKG
茴	ALKF
蛔	JLKG
悔	NTXU
卉	FAJ
汇	IAN
会	WFCU
讳	YFNH
哕	KMQY
浍	IWFC
绘	XWFC
荟	AWFC
诲	YTXU
烩	OWFC
贿	MDEG
彗	DHDV
晦	JTXU
秽	TMQY
喙	KXEY
惠	GJHN
缋	XKHM
毁	VAMC
慧	DHDN
蕙	AGJN
蟪	JGJN
HUN	
珲	GPLH

昏	QAJF
荤	APLJ
婚	VQAJ
阍	UQAJ
浑	IPLH
馄	QNJX
魂	FCRC
诨	YPLH
混	IJXX
溷	ILEY
HUO	
耠	DIWK
豁	PDHK
攉	RFWY
活	ITDG
火	OOOO
伙	WOY
或	AKGD
货	WXMU
获	AQTD
祸	PYKW
惑	AKGN
霍	FWYF
JI	
讥	YMN
击	FMK
叽	KMN
饥	QNMN
圾	FEYY
机	SMN
玑	GMN
肌	EMN
芨	AEYU

鸡	CQYG
咭	KFKG
迹	YOPI
剞	DSKJ
唧	KVCB
姬	VAHH
屐	NTFC
积	TKWY
笄	TGAJ
基	ADWF
绩	XGMY
嵇	TDNM
犄	TRDK
缉	XKBG
畸	LDSK
跻	KHYJ
肌	EMN
箕	TADW
稽	TDNJ
齑	YDJJ
墼	GJFF
激	IRYT
羁	LAFC
及	EYI
吉	FKF
岌	MEYU
汲	IEYY
级	XEYY
即	VCBH
极	SEYY
亟	BKCG
佶	WFKG
急	QVNU

笈	TEYU
疾	UTDI
戢	KBNT
棘	GMII
殛	GQBG
集	WYSU
嫉	VUTD
楫	SKBG
蒺	AUTD
辑	LKBG
瘠	UIWE
蕺	AKBT
籍	TDIJ
几	MTN
己	NNGN
虮	JMN
挤	RYJH
脊	IWEF
掎	RDSK
戟	FJAT
嵴	MIWE
麂	YNJM
计	YFH
记	YNN
伎	WFCY
纪	XNN
妓	VFCY
忌	NNU
技	RFCY
芰	AFCU
际	BFIY
剂	YJJH
季	TBF

哜	KYJH
既	VCAQ
洎	ITHG
济	IYJH
继	XONN
觊	MNMQ
偈	WJQN
寂	PHIC
寄	PDSK
悸	NTBG
祭	WFIU
蓟	AQGJ
暨	VCAG
跽	KHNN
霁	FYJJ
鲚	QGYJ
稷	TLWT
鲫	QGVB
冀	UXLW
骥	CUXW
诘	YFKG
藉	ADIJ
JIA	
伽	WLKG
夹	GUWI
佳	WFFG
迦	LKPD
枷	SLKG
浃	IGUW
珈	GLKG
家	PEU
痂	ULKD
袈	LKYE

袷	PUWK
跏	KHLK
嘉	FKUK
镓	QPEY
岬	MLH
郏	GUWB
荚	AGUW
恝	DHVN
戛	DHAR
铗	QGUW
蛱	JGUW
颊	GUWM
甲	LHNH
胛	ELH
贾	SMU
钾	QLH
瘕	UNHC
价	WWJH
驾	LKCF
架	LKSU
假	WNHC
嫁	VPEY
稼	TPEY
JIAN	
奸	VFH
尖	IDU
坚	JCFF
歼	GQTF
间	UJD
肩	YNED
艰	CVEY
兼	UVOU
监	JTYL

笺	TGR
菅	APNN
犍	TRVP
缄	XDGT
煎	UEJO
鲣	QGJF
鹣	UVOG
鞯	AFAB
拣	RANW
枧	SMQN
俭	WWGI
柬	GLII
茧	AJU
捡	RWGI
笕	TMQB
减	UDGT
剪	UEJV
检	SWGI
趼	KHGA
睑	HWGI
硷	DWGI
裥	PUUJ
锏	QUJG
简	TUJF
谫	YUEV
戬	GOGA
碱	DDGT
翦	UEJN
謇	PFJY
蹇	PFJH
见	MQB
件	WRHH
建	VFHP

饯	QNGT
剑	WGIJ
牮	WARH
荐	ADHB
贱	MGT
健	WVFP
涧	IUJG
舰	TEMQ
渐	ILRH
谏	YGLI
楗	SVFP
毽	TFNP
溅	IMGT
腱	EVFP
践	KHGT
鉴	JTYQ
键	QVFP
僭	WAQJ
槛	SJTL
箭	TUEJ
踺	KHVP
JIANG	
姜	UGVF
将	UQFY
茳	AIAF
浆	UQIU
豇	GKUA
僵	WGLG
缰	XGLG
礓	DGLG
疆	XFGG
讲	YFJH
奖	UQDU

桨	UQSU
蒋	AUQF
匠	ARK
降	BTAH
绛	XTAH
酱	UQSG
犟	XKJH
糨	OXKJ
JIAO	
艽	AVB
交	UQU
郊	UQBH
姣	VUQY
娇	VTDJ
浇	IATQ
茭	AUQU
骄	CTDJ
胶	EUQY
椒	SHIC
焦	WYOU
蛟	JUQY
跤	KHUQ
僬	WWYO
鲛	QGUQ
蕉	AWYO
礁	DWYO
角	QEJ
佼	WUQY
侥	WATQ
挢	RTDJ
狡	QTUQ
绞	XUQY
饺	QNUQ

皎	RUQY
矫	TDTJ
脚	EFCB
铰	QUQY
搅	RIPQ
剿	VJSJ
敫	RYTY
徼	TRYT
缴	XRYT
叫	KNHH
峤	MTDJ
轿	LTDJ
较	LUQY
教	FTBT
窖	PWTK
酵	SGFB
醮	SGWO
嚼	KELF
爝	OELF
JIE	
偈	WJQN
阶	BWJH
疖	UBK
皆	XXRF
接	RUVG
秸	TFKG
喈	KXXR
嗟	KUDA
揭	RJQN
街	TFFH
孑	BNHG
节	ABJ
讦	YFH

劫	FCLN
杰	SOU
诘	YFKG
拮	RFKG
洁	IFKG
结	XFKG
桀	QAHS
婕	VGVH
捷	RGVH
颉	FKDM
睫	HGVH
截	FAWY
碣	DJQN
竭	UJQN
鲒	QGFK
羯	UDJN
姐	VEGG
解	QEVH
介	WJJ
戒	AAK
芥	AWJJ
届	NMD
界	LWJJ
疥	UWJK
诫	YAAH
借	WAJG
蚧	JWJH
骱	MEWJ
JIN	
巾	MHK
今	WYNB
斤	RTTH
金	QQQQ

津	IVFH
矜	CBTN
衿	PUWN
筋	TELB
襟	PUSI
仅	WCY
卺	BIGB
紧	JCXI
谨	YAKG
锦	QRMH
瑾	GAKG
尽	NYUU
劲	CALN
妗	VWYN
近	RPK
进	FJPK
荩	ANYU
晋	GOGJ
浸	IVPC
烬	ONYU
赆	MNYU
缙	XGOJ
禁	SSFI
靳	AFRH
觐	AKGQ
JING	
京	YIU
泾	ICAG
经	XCAG
	X(简码)
茎	ACAF
荆	AGAJ
惊	NYIY

旌	YTTG
菁	AGEF
晶	JJJF
腈	EGEG
睛	HGEG
粳	OGJQ
兢	DQDQ
精	OGEG
鲸	QGYI
井	FJK
阱	BFJH
刭	CAJH
肼	EFJH
颈	CADM
景	JYIU
儆	WAQT
憬	NJYI
警	AQKY
净	UQVH
弪	XCAG
径	TCAG
迳	CAPD
胫	ECAG
痉	UCAD
竞	UKQB
婧	VGEG
竟	UJQB
敬	AQKT
靓	GEMQ
靖	UGEG
境	FUJQ
獍	QTUQ
静	GEQH

镜	QUJQ
JIONG	
迥	MKPD
扃	YNMK
炯	OMKG
窘	PWVK
JIU	
纠	XNHH
究	PWVB
鸠	VQYG
赳	FHNH
阄	UQJN
啾	KTOY
揪	RTOY
鬏	DETO
九	VTN
久	QYI
灸	QYOU
玖	GQYY
韭	DJDG
酒	ISGG
旧	HJG
臼	VTHG
咎	THKF
疚	UQYI
柩	SAQY
桕	SVG
厩	DVCQ
救	FIYT
就	YIDN
舅	VLLB
鹫	YIDG

JU	
居	NDD
拘	RQKG
狙	QTEG
苴	AEGF
驹	CQKG
疽	UEGD
掬	RQOY
椐	SNDG
琚	GNDG
锔	QNNK
裾	PUND
雎	EGWY
鞠	AFQO
鞫	AFQY
局	NNKD
桔	SFKG
菊	AQOU
橘	SCBK
咀	KEGG
沮	IEGG
举	IWFH
矩	TDAN
莒	AKKF
榉	SIWH
榘	TDAS
龃	HWBG
踽	KHTY
句	QKD
巨	AND
讵	YANG
拒	RANG
苣	AANF

具	HWU
炬	OANG
钜	QANG
俱	WHWY
剧	NDJH
惧	NHWY
据	RNDG
距	KHAN
飓	MQHW
锯	QNDG
聚	BCTI
屦	NTOV
踞	KHND
JUAN	
娟	VKEG
捐	RKEG
涓	IKEG
鹃	KEQG
镌	QWYE
卷	UDBB
锩	QUDB
倦	WUDB
桊	UDSU
狷	QTKE
绢	XKEG
隽	WYEB
眷	UDHF
鄄	SFBH
JUE	
噘	KDUW
撅	RDUW
孓	BYI
决	UNWY

诀	YNWY
抉	RNWY
珏	GGYY
绝	XQCN
觉	IPMQ
倔	WNBM
崛	MNBM
掘	RNBM
桷	SQEH
觖	QENW
厥	DUBW
劂	DUBJ
谲	YCBK
獗	QTDW
蕨	ADUW
噱	KHAE
橛	SDUW
爵	ELVF
蹶	KHDW
矍	HHWC
嚼	KELF
攫	RHHC
JUN	
军	PLJ
君	VTKD
均	FQUG
钧	QQUG
皲	PLHC
菌	ALTU
筠	TFQU
俊	WCWT
郡	VTKB
峻	MCWT

捃	RVTK
浚	ICWT
骏	CCWT
竣	UCWT
KA	
咖	KLKG
咔	KHHY
喀	KPTK
卡	HHU
佧	WHHY
胩	EHHY
KAI	
开	GAK
揩	RXXR
凯	MNMN
剀	MNJH
垲	FMNN
恺	NMNN
铠	QMNN
慨	NVCQ
蒈	AXXR
楷	SXXR
锴	QXXR
忾	NRNN
KAN	
槛	SJTL
刊	FJH
勘	ADWL
龛	WGKX
堪	FADN
戡	ADWA
坎	FQWY
侃	WKQN

砍	DQWY
莰	AFQW
看	RHF
阚	UNBT
瞰	HNBT
KANG	
康	YVII
慷	NYVI
糠	OYVI
亢	YMB
伉	WYMN
扛	RAG
抗	RYMN
闶	UYMV
炕	OYMN
钪	QYMN
KAO	
尻	NVV
考	FTGN
拷	RFTN
栲	SFTN
烤	OFTN
铐	QFTN
犒	TRYK
靠	TFKD
KE	
苛	ASKF
珂	GSKG
科	TUFH
轲	LSKG
棵	SJSY
颏	YNTM
稞	TJSY

颗	JSDM
瞌	HFCL
磕	DFCL
蝌	JTUF
髁	MEJS
壳	FPMB
咳	KYNW
可	SKD
岢	MSKF
渴	IJQN
克	DQB
刻	YNTJ
客	PTKF
恪	NTKG
课	YJSY
氪	RNDQ
骒	CJSY
缂	XAFH
嗑	KFCL
溘	IFCL
锞	QJSY
KEN	
肯	HEF
垦	VEFF
恳	VENU
啃	KHEG
裉	PUVE
KENG	
吭	KYMN
坑	FYMN
铿	QJCF
KONG	
空	PWAF

倥	WPWA
崆	MPWA
箜	TPWA
孔	BNN
恐	AMYN
控	RPWA
KOU	
彀	FPGC
抠	RAQY
芤	ABNB
眍	HAQY
口	KKKK
叩	KBH
寇	PFQC
筘	TRKF
蔻	APFC
KU	
刳	DFNJ
哭	KKDU
堀	FNBM
窟	PWNM
骷	MEDG
苦	ADF
库	YLK
绔	XDFN
裤	PUYL
酷	SGTK
KUA	
夸	DFNB
侉	WDFN
垮	FDFN
挎	RDFN
胯	EDFN

跨	KHDN
KUAI	
蒯	AEEJ
块	FNWY
快	NNWY
侩	WWFC
郐	WFCB
哙	KWFC
狯	QTWC
脍	EWFC
会	WFCU
筷	TNNW
KUAN	
宽	PAMQ
髋	MEPQ
款	FFIW
KUANG	
匡	AGD
诓	YAGG
哐	KAGG
筐	TAGF
狂	QTGG
诳	YQTG
夼	DKJ
邝	YBH
圹	FYT
纩	XYT
况	UKQN
旷	JYT
矿	DYT
贶	MKQN
框	SAGG
眶	HAGG

KUI	
亏	FNV
岿	MJVF
悝	NJFG
盔	DOLF
窥	PWFQ
奎	DFFF
逵	FWFP
馗	VUTH
喹	KDFF
葵	AWGD
暌	JWGD
魁	RQCF
睽	HWGD
蝰	JDFF
夔	UHTT
傀	WRQC
跬	KHFF
匮	AKHM
喟	KLEG
愦	NKHM
愧	NRQC
溃	IKHM
馈	QNKM
聩	BKHM
KUN	
坤	FJHH
昆	JXXB
琨	GJXX
醌	SGJX
悃	NLSY
捆	RLSY
困	LSI

KUO	
扩	RYT
括	RTDG
蛞	JTDG
阔	UITD
廓	YYBB
LA	
垃	FUG
拉	RUG
啦	KRUG
邋	VLQP
旯	JVB
喇	KGKJ
剌	GKIJ
腊	EAJG
瘌	UGKJ
蜡	JAJG
辣	UGKI
LAI	
来	GOI
崃	MGOY
徕	TGOY
涞	IGOY
莱	AGOU
铼	QGOY
赉	GOMU
睐	HGOY
赖	GKIM
濑	IGKM
癞	UGKM
籁	TGKM
LAN	
兰	UFF

岚	MMQU
拦	RUFG
栏	SUFG
婪	SSVF
阑	UGLI
蓝	AJTL
谰	YUGI
澜	IUGI
褴	PUJL
斓	YUGI
篮	TJTL
镧	QUGI
览	JTYQ
揽	RJTQ
缆	XJTQ
榄	SJTQ
懒	NGKM
烂	OUFG
滥	IJTL
LANG	
啷	KYVB
郎	YVCB
狼	QTYE
莨	AYVE
廊	YYVB
琅	GYVE
榔	SYVB
稂	TYVE
锒	QYVE
螂	JYVB
朗	YVCE
阆	UYVE
浪	IYVE

LAO	
捞	RAPL
劳	APLB
牢	PRHJ
唠	KAPL
崂	MAPL
痨	UAPL
铹	QAPL
醪	SGNE
老	FTXB
佬	WFTX
姥	VFTX
栳	SFTX
铑	QFTX
涝	IAPL
烙	OTKG
耢	DIAL
酪	SGTK
LE	
了	BNH
	B(简码)
仂	WLN
乐	QII
叻	KLN
泐	IBLN
勒	AFLN
肋	ELN
LEI	
雷	FLF
嫘	VLXI
缧	XLXI
檑	SFLG
镭	QFLG

羸	YNKY
耒	DII
诔	YDIY
垒	CCCF
磊	DDDF
蕾	AFLF
儡	WLLL
泪	IHG
类	ODU
累	LXIU
酹	SGEF
擂	RFLG
嘞	KAFL
LENG	
塄	FLYN
棱	SFWT
楞	SLYN
冷	UWYC
堎	FFWT
愣	NLYN
睖	HFWT
LI	
厘	DJFD
梨	TJSU
狸	QTJF
离	YBMC
莉	ATJJ
骊	CGMY
犁	TJRH
喱	KDJF
鹂	GMYG
漓	IYBC
缡	XYBC

蓠	AYBC
蜊	JTJH
嫠	FITV
璃	GYBC
鲡	QGGY
黎	TQTI
篱	TYBC
罹	LNWY
礼	PYNN
李	SBF
里	JFD
俚	WJFG
哩	KJFG
娌	VJFG
逦	GMYP
理	GJFG
锂	QJFG
鲤	QGJF
澧	IMAU
醴	SGMU
力	LTN
历	DLV
厉	DDNV
立	UUUU
吏	GKQI
丽	GMYY
利	TJH
励	DDNL
呖	KDLN
坜	FDLN
沥	IDLN
苈	ADLB
例	WGQJ

枥	SDLN
疠	UDNV
隶	VII
俐	WTJH
俪	WGMY
栎	SQIY
疬	UDLV
荔	ALLL
轹	LQIY
郦	GMYB
栗	SSU
猁	QTTJ
砺	DDDN
砾	DQIY
莅	AWUF
唳	KYND
笠	TUF
粒	OUG
粝	ODDN
蛎	JDDN
傈	WSSY
痢	UTJK
詈	LYF
跞	KHQI
雳	FDLB
溧	ISSY
篥	TSSU
LIA	
俩	WGMW
LIAN	
奁	DAQU
连	LPK
帘	PWMH

怜	NWYC
涟	ILPY
莲	ALPU
联	BUDY
裢	PULP
廉	YUVO
鲢	QGLP
濂	IYUO
臁	EYUO
镰	QYUO
敛	WGIT
琏	GLPY
脸	EWGI
裣	PUWI
蔹	AWGT
练	XANW
娈	YOVF
炼	OANW
恋	YONU
殓	GQWI
链	QLPY
LIANG	
良	YVEI
凉	UYIY
梁	IVWS
椋	SYIY
粮	OYVE
粱	IVWO
踉	KHYE
两	GMWW
魉	RQCW
亮	YPMB
谅	YYIY

辆	LGMW
晾	JYIY
量	JGJF
LIAO	
潦	IDUI
辽	BPK
疗	UBK
聊	BQTB
僚	WDUI
寥	PNWE
廖	YNWE
嘹	KDUI
寮	PDUI
撩	RDUI
獠	QTDI
缭	XDUI
燎	ODUI
镣	QDUI
鹩	DUJG
钌	QBH
蓼	ANWE
了	BNH
	B(简码)
尥	DNQY
料	OUFH
撂	RLTK
LIE	
咧	KGQJ
列	GQJH
劣	ITLB
冽	UGQJ
洌	IGQJ
烈	GQJO

捩	RYND
猎	QTAJ
裂	GQJE
趔	FHGJ
LIN	
邻	WYCB
临	JTYJ
啉	KSSY
淋	ISSY
琳	GSSY
粼	OQAB
嶙	MOQH
遴	OQAP
辚	LOQH
霖	FSSU
瞵	HOQH
磷	DOQH
鳞	QGOH
麟	YNJH
凛	UYLI
廪	YYLI
懔	NYLI
檩	SYLI
吝	YKF
赁	WTFM
蔺	AUWY
膦	EOQH
躏	KHAY
LING	
拎	RWYC
伶	WWYC
灵	VOU
囹	LWYC

岭	MWYC
泠	IWYC
苓	AWYC
柃	SWYC
玲	GWYC
瓴	WYCN
凌	UFWT
铃	QWYC
陵	BFWT
棂	SVOY
绫	XFWT
羚	UDWC
翎	WYCN
聆	BWYC
菱	AFWT
蛉	JWYC
零	FWYC
龄	HWBC
鲮	QGFT
领	WYCM
令	WYCU
另	KLB
呤	KWYC
LIU	
溜	IQYL
熘	OQYL
刘	YJH
浏	IYJH
流	IYCQ
留	QYVL
琉	GYCQ
硫	DYCQ
旒	YTYQ

遛	QYVP
馏	QNQL
骝	CQYL
榴	SQYL
瘤	UQYL
镏	QQYL
鎏	IYCQ
柳	SQTB
绺	XTHK
锍	QYCQ
六	UYGY
鹨	NWEG
LO	
咯	KTKG
LONG	
龙	DXV
咙	KDXN
泷	IDXN
茏	ADXB
栊	SDXN
珑	GDXN
胧	EDXN
砻	DXDF
笼	TDXB
聋	DXBF
隆	BTGG
窿	PWBG
陇	BDXN
垄	DXFF
垅	FDXN
拢	RDXN
LOU	
娄	OVF

偻	WOVG
喽	KOVG
蒌	AOVF
楼	SOVG
耧	DIOV
蝼	JOVG
髅	MEOV
嵝	MOVG
搂	ROVG
篓	TOVF
陋	BGMN
漏	INFY
瘘	UOVD
镂	QOVG
LU	
露	FKHK
噜	KQGJ
撸	RQGJ
卢	HNE
庐	YYNE
芦	AYNR
垆	FHNT
泸	IHNT
炉	OYNT
栌	SHNT
胪	EHNT
轳	LHNT
鸬	HNQG
舻	TEHN
颅	HNDM
鲈	QGHN
卤	HLQI
虏	HALV

掳	RHAL
鲁	QGJF
橹	SQGJ
镥	QQGJ
陆	BFMH
录	VIU
赂	MTKG
辂	LTKG
渌	IVIY
逯	VIPI
鹿	YNJX
禄	PYVI
碌	DVIY
路	KHTK
漉	IYNX
戮	NWEA
辘	LYNX
潞	IKHK
璐	GKHK
簏	TYNX
鹭	KHTG
麓	SSYX
氇	TFNJ
LÜ	
滤	IHAN
驴	CYNT
闾	UKKD
榈	SUKK
旅	YTEY
稆	TKKG
铝	QKKG
屡	NOVD
缕	XOVG

褛	PUOV
履	NTTT
虑	HANI
绿	XVIY
氯	RNVI
捋	REFY
LUAN	
娈	YOVF
孪	YOBF
峦	YOMJ
挛	YORJ
栾	YOSU
鸾	YOQG
脔	YOMW
滦	IYOS
銮	YOQF
卵	QYTY
乱	TDNN
LÜE	
掠	RYIY
略	LTKG
锊	QEFY
LUN	
抡	RWXN
仑	WXB
伦	WWXN
囵	LWXV
沦	IWXN
纶	XWXN
轮	LWXN
论	YWXN
LUO	
捋	REFY

罗	LQU
猡	QTLQ
萝	ALQU
逻	LQPI
锣	QLQY
箩	TLQU
骡	CLXI
镙	QLXI
螺	JLXI
裸	PUJS
蠃	YNKY
泺	IQIY
洛	ITKG
络	XTKG
荦	APRH
骆	CTKG
珞	GTKG
落	AITK
摞	RLXI
漯	ILXI
倮	WJSY
M	
呒	KFQN
MA	
妈	VCG
嬷	VYSC
麻	YSSI
蟆	JAJD
马	CNNG
犸	QTCG
玛	GCG
码	DCG
蚂	JCG

杩	SCG
骂	KKCF
唛	KGTY
吗	KCG
嘛	KYSS
MAI	
埋	FJFG
霾	FEEF
买	NUDU
荬	ANUD
劢	DNLN
迈	DNPV
麦	GTU
卖	FNUD
脉	EYNI
MAN	
蛮	YOJU
馒	QNJC
瞒	HAGW
鳗	QGJC
满	IAGW
螨	JAGW
曼	JLCU
谩	YJLC
墁	FJLC
嫚	VJLC
幔	MHJC
慢	NJLC
漫	IJLC
缦	XJLC
蔓	AJLC
熳	OJLC
镘	QJLC

MANG	
邙	YNBH
忙	NYNN
芒	AYNB
盲	YNHF
茫	AIYN
硭	DAYN
莽	ADAJ
漭	IADA
蟒	JADA
氓	YNNA
MAO	
猫	QTAL
毛	TFNV
矛	CBTR
牦	TRTN
茅	ACBT
锚	QALG
髦	DETN
蝥	CBTJ
蟊	CBTJ
卯	QTBH
峁	MQTB
泖	IQTB
茆	AQTB
昴	JQTB
铆	QQTB
茂	ADNT
贸	QYVM
耄	FTXN
袤	YCBE
帽	MHJH
瑁	GJHG

貌	EERQ
懋	SCBN
ME	
么	TCU
MEI	
没	IMCY
枚	STY
玫	GTY
眉	NHD
莓	ATXU
梅	STXU
媒	VAFS
嵋	MNHG
湄	INHG
猸	QTNH
楣	SNHG
煤	OAFS
酶	SGTU
镅	QNHG
鹛	NHQG
霉	FTXU
每	TXGU
美	UGDU
镁	QUGD
妹	VFIY
昧	JFIY
袂	PUNW
媚	VNHG
寐	PNHI
魅	RQCI
MEN	
门	UYHN
扪	RUN

钔	QUN
闷	UNI
焖	OUNY
懑	IAGN
MENG	
虻	JYNN
萌	AJEF
盟	JELF
甍	ALPN
瞢	ALPH
朦	EAPE
檬	SAPE
礞	DAPE
艨	TEAE
勐	BLLN
猛	QTBL
蒙	APGE
锰	QBLG
艋	TEBL
蜢	JBLG
懵	NALH
蠓	JAPE
梦	SSQU
MI	
咪	KOY
弥	XQIY
祢	PYQI
迷	OPI
猕	QTXI
谜	YOPY
醚	SGOP
糜	YSSO
縻	YSSI

麋	YNJO
靡	YSSD
蘼	AYSD
米	OYTY
芈	GJGH
弭	XBG
眯	HOY
泌	INTT
觅	EMQB
秘	TNTT
密	PNTM
幂	PJDH
谧	YNTL
蜜	PNTJ
MIAN	
眠	HNAN
绵	XRMH
棉	SRMH
免	QKQB
勉	QKQL
娩	VQKQ
冕	JQKQ
湎	IDMD
缅	XDMD
面	DMJD
渑	IKJN
MIAO	
喵	KALG
苗	ALF
描	RALG
瞄	HALG
鹋	ALQG
杪	SITT

眇	HITT
秒	TITT
淼	IIIU
渺	IHIT
缈	XHIT
藐	AEEQ
邈	EERP
妙	VITT
庙	YMD
缪	XNWE
MIE	
乜	NNV
咩	KUDH
灭	GOI
蔑	ALDT
篾	TLDT
MIN	
黾	KJNB
民	NAV
	N(简码)
岷	MNAN
玟	GYY
苠	ANAB
珉	GNAN
皿	LHNG
闵	UYI
抿	RNAN
泯	INAN
闽	UJI
悯	NUYY
敏	TXGT
愍	NATN
鳘	TXGG

MING	
明	JEG
鸣	KQYG
茗	AQKF
冥	PJUU
铭	QQKG
溟	IPJU
暝	JPJU
瞑	HPJU
螟	JPJU
酩	SGQK
命	WGKB

MIU	
谬	YNWE

MO	
摸	RAJD
嫫	VAJD
馍	QNAD
摹	AJDR
模	SAJD
膜	EAJD
麽	YSSC
摩	YSSR
磨	YSSD
蘑	AYSD
魔	YSSC
抹	RGSY
末	GSI
殁	GQMC
沫	IGSY
茉	AGSU
陌	BDJG
秣	TGSY
莫	AJDU
寞	PAJD
漠	IAJD
蓦	AJDC
貊	EEDJ
墨	LFOF
瘼	UAJD
镆	QAJD
默	LFOD
貘	EEAD
耱	DIYD

MOU	
蛑	JCRH
哞	KCRH
牟	CRHJ
侔	WCRH
眸	HCRH
谋	YAFS
鍪	CBTQ
某	AFSU

MU	
母	XGUI
毪	TFNH
亩	YLF
牡	TRFG
姆	VXGU
拇	RXGU
木	SSSS
仫	WTCY
目	HHHH
坶	FXGU
牧	TRTY
苜	AHF
募	AJDL
墓	AJDF
幕	AJDH
睦	HFWF
慕	AJDN
暮	AJDJ
穆	TRIE

N	
唔	KGKG
嗯	KLDN

NA	
拿	WGKR
镎	QWGR
哪	KVFB
那	VFBH
纳	XMWY
肭	EMWY
娜	VVFB
衲	PUMW
钠	QMWY
捺	RDFI
呐	KMWY

NAI	
捺	RDFI
乃	ETN
奶	VEN
艿	AEB
氖	RNEB
奈	DFIU
柰	SFIU
耐	DMJF
鼐	EHNN

NAN	
囡	LVD
男	LLB
南	FMUF
难	CWYG
喃	KFMF
楠	SFMF
赧	FOBC
腩	EFMF

NANG	
囔	KGKE
囊	GKHE
馕	QNGE
攮	RGKE

NAO	
孬	GIVB
呶	KVCY
挠	RATQ
硇	DTLQ
铙	QATQ
恼	NYBH
脑	EYBH
瑙	GVTQ
闹	UYMH
淖	IHJH

NE	
呢	KNXN
讷	YMWY

NEI	
内	MWI
馁	QNEV

NEN	
嫩	VGKT
恁	WTFN

NENG	
能	CEXX

NI	
妮	VNXN
尼	NXV
坭	FNXN
泥	INXN
倪	WVQN
铌	QNXN
猊	QTVQ
霓	FVQB
鲵	QGVQ
伲	WNXN
你	WQIY
拟	RNYW
旎	YTNX
昵	JNXN
逆	UBTP
匿	AADK
溺	IXUU
睨	HVQN
腻	EAFM
慝	AADN

NIAN	
拈	RHKG
年	RHFK
鲇	QGHK
鲶	QGWN
黏	TWIK
捻	RWYN
辇	FWFL
撵	RFWL

碾	DNAE
廿	AGHG
念	WYNN
埝	FWYN
蔫	AGHO
粘	OHKG
NIANG	
娘	VYVE
酿	SGYE
NIAO	
鸟	QYNG
袅	QYNE
尿	NII
NIE	
捏	RJFG
陧	BJFG
涅	IJFG
聂	BCCU
臬	THSU
啮	KHWB
嗫	KBCC
镊	QBCC
镍	QTHS
颞	BCCM
蹑	KHBC
孽	AWNB
蘖	AWNS
NIN	
您	WQIN
NING	
宁	PSJ
咛	KPSH
拧	RPSH

狞	QTPS
柠	SPSH
聍	BPSH
凝	UXTH
佞	WFVG
泞	IPSH
苎	APGF
NIU	
拗	RXLN
妞	VNFG
牛	RHK
忸	NNFG
扭	RNFG
狃	QTNF
纽	XNFG
钮	QNFG
NONG	
农	PEI
侬	WPEY
哝	KPEY
浓	IPEY
脓	EPEY
弄	GAJ
NU	
奴	VCY
孥	VCBF
驽	VCCF
努	VCLB
弩	VCXB
怒	VCNU
NÜ	
女	VVVV
钕	QVG

衄	TLNF
NUAN	
暖	JEFC
NUE	
疟	UAGD
虐	HAAG
NUO	
挪	RVFB
诺	YADK
喏	KADK
搦	RXUU
锘	QADK
懦	NFDJ
糯	OFDJ
O	
哦	KTRT
喔	KNGF
噢	KTMD
OU	
讴	YAQY
欧	AQQW
殴	AQMC
瓯	AQGN
鸥	AQQG
呕	KAQY
偶	WJMY
耦	DIJY
藕	ADIY
怄	NAQY
沤	IAQY
PA	
扒	RWY
趴	KHWY

啪	KRRG
葩	ARCB
杷	SCN
爬	RHYC
耙	DICN
琶	GGCB
帕	MHRG
怕	NRG
PAI	
俳	WDJD
徘	TDJD
排	RDJD
牌	THGF
派	IREY
湃	IRDF
PAN	
潘	ITOL
攀	SQQR
盘	TELF
磐	TEMD
蹒	KHAW
蟠	JTOL
判	UDJH
泮	IUFH
叛	UDRC
盼	HWVN
畔	LUFH
袢	PUUF
襻	PUSR
PANG	
彷	TYN
乓	RGYU
滂	IUPY

庞	YDXV
逄	TAHP
旁	UPYB
螃	JUPY
胖	EUFH
PAO	
抛	RVLN
刨	QNJH
咆	KQNN
庖	YQNV
狍	QTQN
炮	OQNN
袍	PUQN
跑	KHQN
泡	IQNN
疱	UQNV
PEI	
呸	KGIG
胚	EGIG
醅	SGUK
陪	BUKG
培	FUKG
赔	MUKG
锫	QUKG
裴	DJDE
沛	IGMH
佩	WMGH
帔	MHHC
旆	YTGH
配	SGNN
辔	XLXK
霈	FIGH

PEN	
喷	KFAM
盆	WVLF
湓	IWVL

PENG	
怦	NGUH
抨	RGUH
砰	DGUH
烹	YBOU
朋	EEG
堋	FEEG
彭	FKUE
棚	SEEG
硼	DEEG
蓬	ATDP
鹏	EEQG
澎	IFKE
篷	TTDP
膨	EFKE
捧	RDWH
碰	DUOG

PI	
拚	RCAH
丕	GIGF
批	RXXN
纰	XXXN
邳	GIGB
坯	FGIG
披	RHCY
砒	DXXN
铍	QHCY
劈	NKUV
噼	KNKU
霹	FNKU
皮	HCI
芘	AXXB
枇	SXXN
毗	LXXN
疲	UHCI
蚍	JXXN
啤	KRTF
琵	GGXX
脾	ERTF
蜱	JRTF
匹	AQV
痞	UGIK
擗	RNKU
癖	UNKU
屁	NXXV
媲	VTLX
睥	HRTF
僻	WNKU
甓	NKUN
譬	NKUY
疋	NHI

PIAN	
片	THGN
偏	WYNA
犏	TRYA
篇	TYNA
翩	YNMN
骈	CUAH
胼	EUAH
蹁	KHYA
谝	YYNA
骗	CYNA

PIAO	
剽	SFIJ
漂	ISFI
缥	XSFI
飘	SFIQ
螵	JSFI
瓢	SFIY
殍	GQEB
瞟	HSFI
票	SFIU
嘌	KSFI
嫖	VSFI

PIE	
氕	RNTR
撇	RUMT
瞥	UMIH
苤	AGIG

PIN	
姘	VUAH
拼	RUAH
贫	WVMU
嫔	VPRW
频	HIDM
颦	HIDF
品	KKKF
牝	TRXN
聘	BMGN

PING	
娉	VMGN
乒	RGTR
俜	WMGN
平	GUHK
评	YGUH
凭	WTFM
坪	FGUH
苹	AGUH
屏	NUAK
枰	SGUH
瓶	UAGN
萍	AIGH
鲆	QGGH

PO	
钋	QHY
坡	FHCY
泼	INTY
颇	HCDM
婆	IHCV
鄱	TOLB
皤	RTOL
叵	AKD
钷	QAKG
笸	TAKF
迫	RPD
珀	GRG
破	DHCY
粕	ORG
魄	RRQC
攴	HCU

POU	
剖	UKJH
掊	RUKG

PU	
脯	EGEY
仆	WHY
攴	HCU
扑	RHY
铺	QGEY
噗	KOGY
匍	QGEY
莆	AGEY
菩	AUKF
葡	AQGY
蒲	AIGY
璞	GOGY
濮	IWOY
镤	QOGY
圃	LGEY
埔	FGEY
浦	IGEY
普	UOGJ
溥	IGEF
谱	YUOJ
氆	TFNJ
镨	QUOJ
蹼	KHOY
瀑	IJAI
曝	JJAI

QI	
七	AGN
沏	IAVN
妻	GVHV
柒	IASU
凄	UGVV
栖	SSG
桤	SMNN
戚	DHIT
萋	AGVV
期	ADWE
欺	ADWW

漆	ISWI
蹊	KHED
祁	PYBH
齐	YJJ
圻	FRH
岐	MFCY
其	ADWU
奇	DSKF
歧	HFCY
祈	PYRH
耆	FTXJ
脐	EYJH
颀	RDMY
崎	MDSK
淇	IADW
畦	LFFG
萁	AADW
骐	CADW
骑	CDSK
棋	SADW
琦	GDSK
琪	GADW
祺	PYAW
蛴	JYJH
旗	YTAW
綦	ADWI
蜞	JADW
蕲	AUJR
鳍	QGFJ
麒	YNJW
企	WHF
屺	MNN
岂	MNB
芑	ANB
启	YNKD
杞	SNN
起	FHNV
绮	XDSK
气	RNB
讫	YTNN
汔	ITNN
迄	TNPV
弃	YCAJ
汽	IRNN
泣	IUG
契	DHVD
砌	DAVN
葺	AKBF
碛	DGMY
器	KKDK
憩	TDTN
QIA	
袷	PUWK
掐	RQVG
恰	NWGK
洽	IWGK
QIAN	
千	TFK
仟	WTFH
阡	BTFH
扦	RTFH
芊	ATFJ
迁	TFPK
佥	WGIF
岍	MGAH
钎	QTFH
牵	DPRH
悭	NJCF
铅	QMKG
谦	YUVO
愆	TIFN
签	TWGI
骞	PFJC
搴	PFJR
褰	PFJE
前	UEJJ
荨	AVFU
钤	QWYN
虔	HAYI
钱	QGT
钳	QAFG
乾	FJTN
掮	RYNE
箝	TRAF
潜	IFWJ
黔	LFON
浅	IGT
肷	EQWY
慊	NUVO
遣	KHGP
谴	YKHP
缱	XKHP
欠	QWU
芡	AQWU
茜	ASF
倩	WGEG
堑	LRFF
嵌	MAFW
椠	LRSU
QIANG	
呛	KWBN
羌	UDNB
戕	NHDA
戗	WBAT
枪	SWBN
跄	KHWB
腔	EPWA
蜣	JUDN
锵	QUQF
镪	QXKJ
强	XKJY
墙	FFUK
嫱	VFUK
蔷	AFUK
樯	SFUK
抢	RWBN
羟	UDCA
襁	PUXJ
炝	OWBN
QIAO	
峤	MTDJ
悄	NIEG
硗	DATQ
跷	KHAQ
劁	WYOJ
敲	YMKC
锹	QTOY
橇	STFN
缲	XKKS
乔	TDJJ
侨	WTDJ
荞	ATDJ
桥	STDJ
谯	YWYO
憔	NWYO
鞒	AFTJ
樵	SWYO
瞧	HWYO
巧	AGNN
愀	NTOY
俏	WIEG
诮	YIEG
峭	MIEG
窍	PWAN
翘	ATGN
撬	RTFN
鞘	AFIE
QIE	
切	AVN
茄	ALKF
且	EGD
妾	UVF
怯	NFCY
窃	PWAV
挈	DHVR
惬	NAGW
趄	FHEG
箧	TAGW
郄	QDCB
QIN	
亲	USU
侵	WVPC
钦	QQWY
衾	WYNE
芩	AWYN

芹	ARJ
秦	DWTU
琴	GGWN
禽	WYBC
勤	AKGL
噙	KWYC
擒	RWYC
檎	SWYC
寝	PUVC
吣	KNY
沁	INY
覃	SJJ
QING	
青	GEF
氢	RNCA
轻	LCAG
倾	WXDM
卿	QTVB
圊	LGED
清	IGEG
蜻	JGEG
鲭	QGGE
情	NGEG
晴	JGEG
氰	RNGE
擎	AQKR
檠	AQKS
黥	LFOI
苘	AMKF
顷	XDMY
请	YGEG
謦	FNMY
綮	YNTI

庆	YDI
箐	TGEF
磬	FNMD
罄	FNMM
QIONG	
跫	AMYH
銎	AMYQ
邛	ABH
穷	PWLB
穹	PWXB
茕	APNF
筇	TABJ
琼	GYIY
蛩	AMYJ
QIU	
湫	ITOY
丘	RGD
邱	RGBH
秋	TOY
蚯	JRGG
楸	STOY
鳅	QGTO
囚	LWI
求	FIYI
虬	JNN
泅	ILWY
俅	WFIY
酋	USGF
逑	FIYP
球	GFIY
赇	MFIY
遒	USGP
裘	FIYE

QU	
瞿	HHWY
区	AQI
曲	MAD
岖	MAQY
驱	CAQY
屈	NBMK
祛	PYFC
蛆	JEGG
躯	TMDQ
蛐	JMAG
趋	FHQV
麴	FWWO
黢	LFOT
劬	QKLN
朐	EQKG
鸲	QKQG
渠	IANS
蕖	AIAS
取	BCY
娶	BCVF
去	FCU
觑	HAOQ
趣	FHBC
QUAN	
圈	LUDB
诠	YWGG
泉	RIU
荃	AWGF
拳	UDRJ
辁	LWGG
痊	UWGD
铨	QWGG

筌	TWGF
蜷	JUDB
醛	SGAG
鬈	DEUB
颧	AKKM
犬	DGTY
畎	LDY
绻	XUDB
劝	CLN
券	UDVB
QUE	
炔	ONWY
缺	RMNW
瘸	ULKW
却	FCBH
雀	IWYF
确	DQEH
阕	UWGD
阙	UUBW
鹊	AJQG
榷	SPWY
QUN	
裙	PUVK
群	VTKD
RAN	
蚺	JMFG
然	QDOU
髯	DEMF
燃	OQDO
冉	MFD
苒	AMFF
染	IVSU

RANG	
让	YHG
禳	PYYE
瓤	YKKY
穰	TYKE
嚷	KYKE
壤	FYKE
攘	RYKE
RAO	
荛	AATQ
饶	QNAQ
桡	SATQ
扰	RDNN
娆	VATQ
绕	XATQ
RE	
惹	ADKN
热	RVYO
REN	
人	WWWW W(简码)
仁	WFG
壬	TFD
忍	VYNU
荏	AWTF
稔	TWYN
刃	VYI
仞	WVYY
任	WTFG
纫	XVYY
妊	VTFG
轫	LVYY
韧	FNHY

饪	QNTF
衽	PUTF
恁	WTFN
RENG	
扔	REN
仍	WEN
RI	
日	JJJJ
RONG	
戎	ADE
狨	QTAD
绒	XADT
茸	ABF
荣	APSU
容	PWWK
嵘	MAPS
溶	IPWK
蓉	APWK
榕	SPWK
熔	OPWK
蝾	JAPS
融	GKMJ
冗	PMB
ROU	
柔	CBTS
揉	RCBS
糅	OCBS
蹂	KHCS
鞣	AFCS
肉	MWWI
RU	
茹	AVKF
铷	QVKG

儒	WFDJ
嚅	KFDJ
孺	BFDJ
濡	IFDJ
薷	AFDJ
襦	PUFJ
蠕	JFDJ
颥	FDMM
汝	IVG
乳	EBNN
辱	DFEF
入	TYI
洳	IVKG
溽	IDFF
缛	XDFF
蓐	ADFF
褥	PUDF
蚋	JMWY
偌	WADK
RUAN	
阮	BFQN
朊	EFQN
软	LQWY
RUI	
蕤	AETG
蕊	ANNN
芮	AMWU
枘	SMWY
蚋	JMWY
锐	QUKQ
瑞	GMDJ
睿	HPGH

RUN	
闰	UGD
润	IUGG
RUO	
若	ADKF
偌	WADK
弱	XUXU
箬	TADK
SAG	
撒	RAET
洒	ISG
卅	GKK
飒	UMQY
萨	ABUT
挲	IITR
SAI	
塞	PFJF
腮	ELNY
鳃	QGLN
赛	PFJM
SAN	
叁	CDDF
伞	WUHJ
散	AETY
糁	OCDE
霰	FAET
桑	CCCS
嗓	KCCS
搡	RCCS
丧	FUEU
SAO	
搔	RCYJ
骚	CCYJ

臊	EKKS
扫	RVG
嫂	VVHC
埽	FVPH
瘙	UCYJ
SE	
色	QCB
涩	IVYH
啬	FULK
铯	QQCN
瑟	GGNT
穑	TFUK
SEN	
森	SSSU
SENG	
僧	WULJ
SHA	
杀	QSU
沙	IITT
纱	XITT
刹	QSJH
砂	DITT
莎	AIIT
铩	QQSY
痧	UIIT
裟	IITE
鲨	IITG
傻	WTLT
啥	KWFK
煞	QVTO
SHAI	
筛	TJGH
晒	JSG

SHAN	
山	MMMM
删	MMGJ
姗	VMMG
钐	QET
埏	FTHP
珊	GMMG
舢	TEMH
跚	KHMG
煽	OYNN
闪	UWI
陕	BGUW
疝	UMK
苫	AHKF
剡	OOJH
扇	YNND
善	UDUK
骟	CYNN
鄯	UDUB
缮	XUDK
嬗	VYLG
擅	RYLG
膳	EUDK
赡	MQDY
蟮	JUDK
鳝	QGUK
SHANG	
伤	WTLN
殇	GQTR
商	UMWK
觞	QETR
墒	FUMK
熵	OUMK

裳	IPKE
垧	FTMK
晌	JTMK
赏	IPKM
上	HHGG
	H(简码)
尚	IMKF
绱	XIMK
SHAO	
杓	SQYY
捎	RIEG
梢	SIEG
烧	OATQ
稍	TIEG
筲	TIEF
艄	TEIE
蛸	JIEG
勺	QYI
芍	AQYU
苕	AVKF
韶	UJVK
少	ITR
劭	VKLN
邵	VKBH
绍	XVKG
哨	KIEG
潲	ITIE
SHE	
奢	DFTJ
猞	QTWK
赊	MWFI
畲	WFIL
舌	TDD

佘	WFIU
蛇	JPXN
舍	WFKF
设	YMCY
社	PYFG
射	TMDF
涉	IHIT
赦	FOTY
慑	NBCC
摄	RBCC
滠	IBCC
麝	YNJF
歙	WGKW
SHEN	
申	JHK
伸	WJHH
身	TMDT
呻	KJHH
绅	XJHH
娠	VDFE
砷	DJHH
深	IPWS
神	PYJH
沈	IPQN
审	PJHJ
哂	KSG
谂	YWYN
婶	VPJH
渖	IPJH
肾	JCEF
甚	ADWN
胂	EJHH
渗	ICDE

慎	NFHW
椹	SADN
蜃	DFEJ
什	WFH
莘	AUJ
SHENG	
升	TAK
生	TGD
声	FNR
牲	TRTG
胜	ETGG
笙	TTGF
甥	TGLL
绳	XKJN
省	ITHF
眚	TGHF
圣	CFF
晟	JDNT
盛	DNNL
剩	TUXJ
SHI	
匙	JGHX
尸	NNGT
失	RWI
师	JGMH
虱	NTJI
诗	YFFY
施	YTBN
狮	QTJH
湿	IJOG
石	DGTG
识	YKWY
实	PUDU

拾	RWGK
炻	ODG
蚀	QNJY
食	WYVE
史	KQI
矢	TDU
使	WGKQ
始	VCKG
驶	CKQY
屎	NOI
士	FGHG
氏	QAV
世	ANV
仕	WFG
市	YMHJ
式	AAD
事	GKVH
侍	WFFY
势	RVYL
视	PYMQ
试	YAAG
饰	QNTH
室	PGCF
恃	NFFY
拭	RAAG
是	JGHU
	J(简码)
柿	SYMH
贳	ANMU
适	TDPD
舐	TDQA
轼	LAAG
逝	RRPK

铈	QYMH
弑	QSAA
谥	YUWL
释	TOCH
嗜	KFTJ
筮	TAWW
誓	RRYF
噬	KTAW
螫	FOTJ
峙	MFFY
SHOU	
收	NHTY
手	RTGH
守	PFU
首	UTHF
艏	TEUH
寿	DTFU
受	EPCU
狩	QTPF
兽	ULGK
售	WYKF
授	REPC
瘦	UVHC
SHU	
书	NNHY
抒	RCBH
纾	XCBH
叔	HICY
枢	SAQY
姝	VRIY
殊	GQRI
梳	SYCQ
淑	IHIC

疏	NHYQ
舒	WFKB
摅	RHAN
输	LWGJ
蔬	ANHQ
秫	TSYY
熟	YBVO
孰	YBVY
赎	MFND
塾	YBVF
暑	JFTJ
黍	TWIU
署	LFTJ
鼠	VNUN
蜀	LQJU
薯	ALFJ
曙	JLFJ
戍	DYNT
束	GKII
沭	ISYY
述	SYPI
树	SCFY
竖	JCUF
恕	VKNU
庶	YAOI
数	OVTY
墅	JFCF
漱	IGKW
蟀	JYXF
属	NTKY
SHUA	
唰	KNMJ
刷	NMHJ

耍	DMJV
SHUAI	
衰	YKGE
摔	RYXF
甩	ENV
帅	JMHH
率	YXIF
蟀	JYXF
SHUAN	
闩	UGD
拴	RWGG
栓	SWGG
涮	INMJ
SHUANG	
霜	FSHF
孀	VFSH
爽	DQQQ
SHUI	
谁	YWYG
水	IIII
税	TUKQ
睡	HTGF
SHUN	
吮	KCQN
顺	KDMY
舜	EPQH
瞬	HEPH
SHUO	
说	YUKQ
妁	VQYY
烁	OQIY
朔	UBTE
铄	QQIY

硕	DDMY
嗍	KUBE
搠	RUBE
蒴	AUBE
槊	UBTS
SI	
丝	XXGF
司	NGKD
私	TCY
咝	KXXG
思	LNU
鸶	XXGG
斯	ADWR
缌	XLNY
蛳	JJGH
厮	DADR
锶	QLNY
嘶	KADR
撕	RADR
澌	IADR
死	GQXB
巳	NNGN
四	LHNG
寺	FFU
汜	INN
伺	WNGK
兕	MMGQ
姒	VNYW
祀	PYNN
泗	ILG
似	WNYW
饲	QNNK
驷	CLG

俟	WCTD
笥	TNGK
耜	DINN
嗣	KMAK
肆	DVFH
SONG	
忪	NWCY
松	SWCY
凇	USWC
崧	MSWC
淞	ISWC
菘	ASWC
嵩	MYMK
怂	WWNU
悚	NGKI
耸	WWBF
竦	UGKI
讼	YWCY
宋	PSU
诵	YCEH
送	UDPI
颂	WCDM
SOU	
嗖	KVHC
搜	RVHC
馊	QNVC
飕	MQVC
锼	QVHC
艘	TEVC
螋	JVHC
叟	VHCU
嗾	KYTD
瞍	HVHC

嗽	KGKW
擞	ROVT
薮	AOVT
SU	
苏	ALWU
酥	SGTY
稣	QGTY
俗	WWWK
夙	MGQI
诉	YRYY
肃	VIJK
涑	IGKI
素	GXIU
速	GKIP
宿	PWDJ
粟	SOU
谡	YLWT
嗉	KGXI
塑	UBTF
溯	IUBE
僳	WSOY
嗽	KGKW
SUAN	
狻	QTCT
酸	SGCT
蒜	AFII
算	THAJ
SUI	
虽	KJU
睢	HWYG
濉	IHWY
隋	BDAE
随	BDEP

髓	MEDP
岁	MQU
祟	BMFI
谇	YYWF
遂	UEPI
碎	DYWF
隧	BUEP
燧	OUEP
穗	TGJN
SUN	
孙	BIY
狲	QTBI
荪	ABIU
飧	QWYE
损	RKMY
笋	TVTR
隼	WYFJ
榫	SWYF
SUO	
嗍	KUBE
唆	KCWT
娑	IITV
桫	SIIT
梭	SCWT
睃	HCWT
嗦	KFPI
羧	UDCT
蓑	AYKE
缩	XPWJ
所	RNRH
唢	KIMY
索	FPXI
琐	GIMY

锁	QIMY
TA	
她	VBN
它	PXB
趿	KHEY
铊	QPXN
塌	FJNG
溻	IJNG
塔	FAWK
獭	QTGM
鳎	QGJN
挞	RDPY
闼	UDPI
遢	JNPD
榻	SJNG
踏	KHIJ
蹋	KHJN
TAI	
胎	ECKG
台	CKF
邰	CKBH
抬	RCKG
苔	ACKF
炱	CKOU
跆	KHCK
鲐	QGCK
骀	CCKG
太	DYI
汰	IDYY
态	DYNU
肽	EDYY
钛	QDYY
泰	DWIU

酞	SGDY
TAN	
弹	XUJF
澹	IQDY
坍	FMYG
贪	WYNM
摊	RCWY
滩	ICWY
瘫	UCWY
坛	FFCY
昙	JFCU
谈	YOOY
郯	OOBH
覃	SJJ
痰	UOOI
锬	QOOY
谭	YSJH
潭	ISJH
檀	SYLG
忐	HNU
坦	FJGG
袒	PUJG
钽	QJGG
毯	TFNO
炭	MDOU
探	RPWS
碳	DMDO
TANG	
汤	INRT
铴	QINR
羰	UDMO
镗	QIPF
唐	YVHK

堂	IPKF
棠	IPKS
塘	FYVK
搪	RYVK
溏	IYVK
瑭	GYVK
樘	SIPF
膛	EIPF
糖	OYVK
螗	JYVK
螳	JIPF
醣	SGYK
帑	VCMH
倘	WIMK
淌	IIMK
傥	WIPQ
耥	DIIK
躺	TMDK
烫	INRO
趟	FHIK
TAO	
焘	DTFO
涛	IDTF
绦	XTSY
掏	RQRM
滔	IEVG
韬	FNHV
饕	KGNE
洮	IIQN
逃	IQPV
桃	SIQN
陶	BQRM
啕	KQRM

淘	IQRM
萄	AQRM
鼗	IQFC
讨	YFY
套	DDU
TE	
忑	GHNU
忒	ANI
特	TRFF
铽	QANY
慝	AADN
TENG	
疼	UTUI
腾	EUDC
誊	UDYF
滕	EUDI
藤	AEUI
TI	
剔	JQRJ
梯	SUXT
锑	QUXT
踢	KHJR
啼	KUpH
提	RJGH
缇	XJGH
鹈	UXHG
题	JGHM
蹄	KHUH
醍	SGJH
体	WSGG
屉	NANV
剃	UXHJ
绨	XUXT

字	编码
倜	WMFK
悌	NUXT
涕	IUXT
逖	QTOP
惕	NJQR
替	FWFJ
嚏	KFPH
TIAN	
天	GDI
添	IGDN
田	LLLI
恬	NTDG
畋	LTY
甜	TDAF
填	FFHW
阗	UFHW
忝	GDNU
殄	GQWE
腆	EMAW
舔	TDGN
掭	RGDN
TIAO	
佻	WIQN
挑	RIQN
祧	PYIQ
条	TSU
迢	VKPD
笤	TVKF
龆	HWBK
蜩	JMFK
髫	DEVK
窕	PWIQ
眺	HIQN

字	编码
跳	KHIQ
TIE	
贴	MHKG
萜	AMHK
铁	QRWY
帖	MHHK
餮	GQWE
TING	
厅	DSK
汀	ISH
听	KRH
町	LSH
烃	OCAG
廷	TFPD
亭	YPSJ
庭	YTFP
莛	ATFP
停	WYPS
婷	VYPS
葶	AYPS
蜓	JTFP
蜒	JTHP
霆	FTFP
挺	RTFP
梃	STFP
铤	QTFP
艇	TETP
TONG	
通	CEPK
仝	WAF
同	MGKD M(简码)
佟	WTUY

字	编码
彤	MYET
茼	AMGK
桐	SMGK
砼	DWAG
铜	QMGK
童	UJFF
酮	SGMK
僮	WUJF
潼	IUJF
瞳	HUJF
统	XYCQ
捅	RCEH
桶	SCEH
筒	TMGK
恸	NFCL
痛	UCEK
TOU	
钭	QUFH
偷	WWGJ
头	UDI
投	RMCY
骰	MEMC
透	TEPV
TU	
凸	HGMG
秃	TMB
突	PWDU
图	LTUI
徒	TFHY
涂	IWTY
荼	AWTU
途	WTPI
屠	NFTJ

字	编码
酴	SGWT
土	FFFF
吐	KFG
钍	QFG
兔	QKQY
堍	FQKY
菟	AQKY
TUAN	
湍	IMDJ
团	LFTE
抟	RFNY
疃	LUJF
彖	XEU
TUI	
推	RWYG
颓	TMDM
腿	EVEP
退	VEPI
煺	OVEP
蜕	JUKQ
褪	PUVP
TUN	
囤	LGBN
吞	GDKF
暾	JYBT
屯	GBNV
饨	QNGN
豚	EEY
臀	NAWE
氽	WIU
TUO	
乇	TAV
托	RTAN

字	编码
拖	RTBN
脱	EUKQ
驮	CDY
佗	WPXN
陀	BPXN
坨	FPXN
沱	IPXN
驼	CPxN
柁	SPXN
砣	DPXN
鸵	QYNX
跎	KHPX
酡	SGPX
橐	GKHS
鼍	KKLN
妥	EVF
椭	SBDE
拓	RDG
柝	SRYY
唾	KTGF
箨	TRCH
WA	
哇	KFFG
娃	VFFG
挖	RPWN
洼	IFFG
娲	VKMW
蛙	JFFG
瓦	GNYN
佤	WGNN
WAI	
歪	GIGH
崴	MDGT

外	QHY
WAN	
弯	YOXB
剜	PQBJ
湾	IYOX
蜿	JPQB
豌	GKUB
丸	VYI
纨	XVYY
芄	AVYU
完	PFQB
玩	GFQN
顽	FQDM
烷	OPFQ
宛	PQBB
挽	RQKQ
晚	JQKQ
莞	APFQ
婉	VPQB
惋	NPQB
绾	XPNN
脘	EPFQ
菀	APQB
皖	RPFQ
畹	LPQB
碗	DPQB
万	DNV
腕	EPQB
WANG	
汪	IGG
亡	YNV
王	GGGG
网	MQQI
往	TYGG
枉	SGG
罔	MUYN
惘	NMUN
辋	LMUN
魍	RQCN
妄	YNVF
忘	YNNU
望	YNEG
WEI	
危	QDBB
威	DGVT
偎	WLGE
逶	TVPD
隈	BLGE
葳	ADGT
微	TMGT
煨	OLGE
薇	ATMT
巍	MTVC
为	YLYI O(简码)
韦	FNHK
围	LFNH
帏	MHFH
沩	IYLY
违	FNHP
闱	UFNH
桅	SQDB
涠	ILFH
唯	KWYG
帷	MHWY
惟	NWYG
维	XWYG
嵬	MRQC
潍	IXWY
伟	WFNH
伪	WYLY
尾	NTFN
纬	XFNH
苇	AFNH
委	TVF
炜	OFNH
玮	GFNH
洧	IDEG
娓	VNTN
诿	YTVG
萎	ATVF
隗	BRQC
猥	QTLE
痿	UTVD
艉	TENN
韪	JGHH
鲔	QGDE
卫	BGD
未	FII
位	WUG
味	KFIY
畏	LGEU
胃	LEF
軎	GJFK
尉	NFIF
谓	YLEG
喂	KLGE
渭	ILEG
猬	QTLE
蔚	ANFF
慰	NFIN
魏	TVRC
WEN	
温	IJLG
瘟	UJLD
文	YYGY
纹	XYY
闻	UBD
蚊	JYY
阌	UEPC
雯	FYU
刎	QRJH
吻	KQRT
紊	YXIU
稳	TQVN
问	UKD
汶	IYY
璺	WFMY
WENG	
翁	WCNF
嗡	KWCN
瓮	WCGN
蕹	AYXY
WO	
挝	RFPY
倭	WTVG
涡	IKMW
莴	AKMW
窝	PWKW
蜗	JKMW
我	TRNT W(简码)
沃	ITDY
卧	AHNH
幄	MHNF
握	RNGF
渥	INGF
斡	FJWF
龌	HWBF
WU	
乌	QNGD
圬	FFNN
污	IFNN
邬	QNGB
呜	KQNG
巫	AWWI
屋	NGCF
诬	YAWW
钨	QQNG
无	FQV
毋	XDE
吴	KGDU
吾	GKF
芜	AFQB
梧	SGKG
唔	KGKG
浯	IGKG
蜈	JKGD
五	GGHG
午	TFJ
仵	WTFH
伍	WGG
坞	FQNG
忤	NTFH
迕	TFPK

武	GAHD
侮	WTXU
捂	RGKG
牾	TRGK
鹉	GAHG
舞	RLGH
兀	GQV
勿	QRE
务	TLB
戊	DNYT
阢	BGQN
杌	SGQN
芴	AQRR
物	TRQR
误	YKGD
悟	NGKG
晤	JGKG
焐	OGKG
婺	CBTV
痦	UGKD
骛	CBTC
雾	FTLB
寤	PNHK
鹜	CBTG
鋈	ITDQ
XI	
蹊	KHED
裼	PUJR
夕	QTNY
兮	WGNB
汐	IQY
西	SGHG
吸	KEYY
希	QDMH
昔	AJF
析	SRH
矽	DQY
穸	PWQU
郗	QDMB
唏	KQDH
奚	EXDU
息	THNU
浠	IQDH
牺	TRSG
悉	TONU
惜	NAJG
欷	QDMW
淅	ISRH
烯	OQDH
硒	DSG
菥	ASRJ
晰	JSRH
犀	NIRH
稀	TQDH
粞	OSG
翕	WGKN
舾	TESG
溪	IEXD
皙	SRRF
锡	QJQR
僖	WFKK
熄	OTHN
熙	AHKO
蜥	JSRH
嘻	KFKK
嬉	VFKK
膝	ESWI
樨	SNIH
熹	FKUO
羲	UGTT
螅	JTHN
蟋	JTON
醯	SGYL
曦	JUGT
鼷	VNUD
习	NUD
席	YAMH
袭	DXYE
媳	VTHN
檄	SRYT
洗	ITFQ
玺	QIGY
徙	THHY
铣	QTFQ
喜	FKUK
葸	ALNU
禧	PYFK
戏	CAT
系	TXIU
细	XLG
阋	UVQV
隙	BIJI
XIA	
呷	KLH
虾	JGHY
瞎	HPDK
匣	ALK
侠	WGUW
狎	QTLH
峡	MGUW
柙	SLH
狭	QTGW
遐	NHFP
暇	JNHC
瑕	GNHC
辖	LPDK
霞	FNHC
黠	LFOK
下	GHI
吓	KGHY
夏	DHTU
厦	DDHT
XIAN	
仙	WMH
先	TFQB
纤	XTFH
氙	RNMJ
祆	PYGD
籼	OMH
掀	RRQW
鲜	QGUD
暹	JWYP
闲	USI
弦	XYXY
贤	JCMU
咸	DGKT
涎	ITHP
娴	VUSY
舷	TEYX
衔	TQFH
痫	UUSI
鹇	USQG
嫌	VUVO
冼	UTFQ
显	JOGF
险	BWGI
猃	QTWI
蚬	JMQN
跣	KHTQ
藓	AQGD
燹	EEOU
县	EGCU
岘	MMQN
苋	AMQB
现	GMQN
线	XGT
限	BVEY
宪	PTFQ
陷	BQVG
馅	QNQV
羡	UGUW
献	FMUD
腺	ERIY
XIANG	
乡	XTE
芗	AXTR
相	SHG
香	TJF
厢	DSHD
湘	ISHG
缃	XSHG
葙	ASHF
箱	TSHF
襄	YKKE
骧	CYKE

镶	QYKE
详	YUDH
庠	YUDK
祥	PYUD
翔	UDNG
享	YBF
响	KTMK
饷	QNTK
飨	XTWE
想	SHNU
鲞	UDQG
向	TMKD
巷	AWNB
项	ADMY
象	QJEU
像	WQJE
橡	SQJE
蟓	JQJE
XIAO	
枭	QYNS
哓	KATQ
枵	SKGN
骁	CATQ
宵	PIEF
消	IIEG
逍	IEPD
萧	AVIJ
硝	DIEG
销	QIEG
潇	IAVJ
箫	TVIJ
霄	FIEF
魈	RQCE

嚣	KKDK
崤	MQDE
淆	IQDE
小	IHTY
晓	JATQ
筱	TWHT
孝	FTBF
肖	IEF
哮	KFTB
效	UQTY
校	SUQY
笑	TTDU
啸	KVIJ
XIE	
些	HXFF
楔	SDHD
歇	JQWw
蝎	JJQN
协	FLWY
邪	AHTB
胁	ELWY
挟	RGUw
偕	WXXR
斜	WTUF
谐	YXXR
携	RWYE
撷	RFKM
鞋	AFFF
写	PGNG
泄	IANN
泻	IPGG
绁	XANN
卸	RHBH

屑	NIED
械	SAAH
亵	YRVE
谢	YTMF
榍	SNIE
榭	STMF
懈	NQEH
獬	QTQH
邂	QEVP
燮	OYOO
蟹	QEVJ
XIN	
心	NYNY
忻	NRH
芯	ANU
辛	UYGH
昕	JRH
欣	RQWY
锌	QUH
新	USRH
歆	UJQW
薪	AUSR
馨	FNMJ
鑫	QQQF
囟	TLQI
信	WYG
镡	QSJH
衅	TLUF
XING	
饧	QNNR
兴	IWU
星	JTGF
惺	NJTG

猩	QTJG
腥	EJTG
刑	GAJH
行	TFHH
邢	GABH
形	GAET
陉	BCAG
型	GAJF
硎	DGAJ
醒	SGJG
擤	RTHJ
姓	VTGG
幸	FUFJ
性	NTGG
荇	ATFH
悻	NFUF
XIONG	
凶	QBK
兄	KQB
匈	QQBK
芎	AXB
汹	IQBH
胸	EQQB
雄	DCWY
熊	CEXO
XIU	
修	WHTE
咻	KWSY
庥	YWSI
羞	UDNF
貅	EEWS
馐	QNUF
髹	DEWS

朽	SGNN
秀	TEB
岫	MMG
绣	XTEN
袖	PUMG
锈	QTEN
溴	ITHD
嗅	KTHD
XU	
圩	FGFH
戌	DGNT
盱	HGFH
胥	NHEF
须	EDMY
虚	HAOG
嘘	KHAG
需	FDMJ
墟	FHAG
徐	TWTY
许	YTFH
诩	YNG
栩	SNG
糈	ONHE
旭	VJD
序	YCBK
叙	WTCY
恤	NTLG
洫	ITLG
畜	YXLF
勖	JHLN
绪	XFTJ
续	XFND
酗	SGQB

婿	VNHE
絮	VKXI
煦	JQKO
蓄	AYXL
蓿	APWJ
吁	KGFH
XUAN	
轩	LFH
宣	PGJG
喧	KPGG
揎	RPGG
萱	APGG
暄	JPGG
煊	OPGG
儇	WLGE
玄	YXU
痃	UYXI
悬	EGCN
旋	YTNH
漩	IYTH
璇	GYTH
选	TFQP
癣	UQGD
泫	IYXY
炫	OYXY
绚	XQJG
眩	HYXY
铉	QYXY
渲	IPGG
楦	SPGG
碹	DPGG
镟	QYTH

XUE	
靴	AFWX
削	IEJH
薛	AWNU
穴	PWU
学	IPBF
泶	IPIU
踅	RRKH
雪	FVF
鳕	QGFV
血	TLD
谑	YHAG
XUN	
郇	QJBH
浚	ICWT
勋	KMLN
埙	FKMY
熏	TGLO
獯	QTTO
薰	ATGO
曛	JTGO
醺	SGTO
寻	VFU
巡	VPV
旬	QJD
驯	CKH
询	YQJG
峋	MQJG
恂	NQJG
洵	IQJG
浔	IVFY
荀	AQJF
循	TRFH

鲟	QGVF
训	YKH
讯	YNFH
汛	INFH
迅	NFPK
徇	TQJG
逊	BIPI
殉	GQQJ
巽	NNAW
蕈	ASJJ
YA	
丫	UHK
压	DFYI
呀	KAHT
押	RLH
鸦	AHTG
桠	SGOG
鸭	LQYG
牙	AHTE
伢	WAHT
岈	MAHT
芽	AAHT
琊	GAHB
蚜	JAHT
崖	MDFF
涯	IDFF
睚	HDFF
衙	TGKH
疋	NHI
哑	KGOG
痖	UGOG
雅	AHTY
亚	GOGD

讶	YAHT
迓	AHTP
垭	FGOG
娅	VGOG
砑	DAHT
氩	RNGG
揠	RAJV
YAN	
阏	UYWU
埏	FTHP
咽	KLDY
恹	NDDY
烟	OLDY
胭	ELDY
崦	MDJN
淹	IDJN
焉	GHGO
菸	AYWU
阉	UDJN
湮	ISFG
腌	EDJN
鄢	GHGB
嫣	VGHO
延	THPD
闫	UDD
严	GODR
妍	VGAH
芫	AFQB
言	YYYY
岩	MDF
沿	IMKG
研	DGAH
盐	FHLF

阎	UQVD
筵	TTHP
蜒	JTHP
颜	UTEM
檐	SQDY
兖	UCQB
奄	DJNB
俨	WGOD
衍	TIFH
偃	WAJV
厣	DDLK
掩	RDJN
眼	HVEY
郾	AJVB
琰	GOOY
罨	LDJN
演	IPGW
魇	DDRC
鼹	VNUV
厌	DDI
彦	UTER
砚	DMQN
唁	KYG
宴	PJVF
晏	JPVF
艳	DHQC
验	CWGI
谚	YUTE
堰	FAJV
焰	OQVG
焱	OOOU
雁	DWWY
滟	IDHC

酽	SGGD	妖	VTDY	揶	RBBH	仪	WYQY	蚁	JYQY
餍	DDWE	腰	ESVG	铘	QAHB	圯	FNN	倚	WDSK
燕	AUKO	邀	RYTP	也	BNHN	夷	GXWI	椅	SDSK
赝	DWWM	爻	QQU	冶	UCKG	沂	IRH	旖	YTDK
YANG		尧	ATGQ	野	JFCB	诒	YCKG	义	YQI
央	MDI	肴	QDEF	业	OGD	宜	PEGF	弋	AGNY
泱	IMDY	姚	VIQN	曳	JXE	怡	NCKG	刈	QJH
殃	GQMD	轺	LVKG	页	DMU	迤	TBPV	忆	NNN
秧	TMDY	珧	GIQN	邺	OGBH	饴	QNCK	艺	ANB
鸯	MDQG	窑	PWRM	夜	YWTY	咦	KGXW	议	YYQY
鞅	AFMD	谣	YERM	晔	JWXF	姨	VGXW	亦	YOU
扬	RNRT	徭	TERM	烨	OWXF	荑	AGXW	屹	MTNN
羊	UDJ	摇	RERM	掖	RYWY	贻	MCKG	异	NAJ
杨	SNRT	遥	ERMP	液	IYWY	眙	HCKG	佚	WRWY
炀	ONRT	瑶	GERM	谒	YJQN	胰	EGXW	呓	KANN
佯	WUDH	繇	ERMI	腋	EYWY	酏	SGBN	役	TMCY
疡	UNRE	鳐	QGEM	靥	DDDL	痍	UGXW	抑	RQBH
徉	TUDH	杳	SJF	**YI**		移	TQQY	译	YCFH
洋	IUDH	咬	KUQY	一	GGLL	遗	KHGP	邑	KCB
烊	OUDH	窈	PWXL		G(简码)	颐	AHKM	佾	WWEG
蛘	JUDH	舀	EVF	伊	WVTT	疑	XTDH	峄	MCFH
仰	WQBH	崾	MSVG	衣	YEU	嶷	MXTH	怿	NCFH
养	UDYJ	药	AXQY	医	ATDI	彝	XGOA	易	JQRR
氧	RNUD	要	SVF	依	WYEY	乙	NNLL(单笔)	绎	XCFH
痒	UUDK		S(简码)	咿	KWVT			诣	YXJG
怏	NMDY	鹞	ERMG	猗	QTDK	已	NNNN	驿	CCFH
恙	UGNU	曜	JNWY	铱	QYEY	以	NYWY	奕	YODU
样	SUDH	耀	IQNY	壹	FPGU		C(简码)	弈	YOAJ
漾	IUGI	**YE**		揖	RKBG	钇	QNN	疫	UMCI
YAO		椰	SBBH	欹	DSKW	仡	WTNN	羿	NAJ
幺	XNNY	噎	KFPU	漪	IQTK	矣	CTDU	轶	LRWY
夭	TDI	爷	WQBJ	噫	KUJN	苡	ANYW	悒	NKCN
吆	KXY	耶	BBH	黟	LFOQ	舣	TEYQ	挹	RKCN

益	UWLF
谊	YPEG
埸	FJQR
翊	UNG
翌	NUF
逸	QKQP
意	UJNU
溢	IUWL
缢	XUWL
肄	XTDH
裔	YEMK
瘗	UGUF
蜴	JJQR
毅	UEMC
熠	ONRG
镒	QUWL
劓	THLJ
殪	GQFU
薏	AUJN
翳	ATDN
翼	NLAW
臆	EUJN
癔	UUJN
镱	QUJN
懿	FPGN
YIN	
因	LDI
窨	PWUJ
阴	BEG
姻	VLDY
洇	ILDY
茵	ALDU
荫	ABEF

音	UJF
殷	RVNC
氤	RNLD
铟	QLDY
喑	KUJG
堙	FSFG
吟	KWYN
垠	FVEY
狺	QTYG
寅	PGMW
淫	IETF
银	QVEY
龈	HWBE
霪	FIEF
尹	VTE
吲	KXHH
饮	QNQW
蚓	JXHH
隐	BQVN
瘾	UBQN
印	QGBH
茚	AQGB
胤	TXEN
YING	
应	YID
英	AMDU
莺	APQG
婴	MMVF
瑛	GAMD
嘤	KMMV
撄	RMMV
缨	XMMV
罂	MMRM

樱	SMMV
璎	GMMV
鹦	MMVG
膺	YWWE
鹰	YWWG
迎	QBPK
茔	APFF
盈	ECLF
荥	APIU
荧	APOU
莹	APGY
萤	APJU
营	APKK
萦	APXI
楹	SECL
滢	IAPY
蓥	APQF
潆	IAPI
蝇	JKJN
嬴	YNKY
赢	YNKY
瀛	IYNY
郢	KGBH
颍	XIDM
颖	XTDM
影	JYIE
映	JMDY
硬	DGJQ
哟	KXQY
唷	KYCE
YONG	
佣	WEH
拥	REH

痈	UEK
邕	VKCB
庸	YVEH
雍	YXTY
墉	FYVH
慵	NYVH
壅	YXTF
镛	QYVH
臃	EYXY
永	YNII
甬	CEJ
咏	KYNI
泳	IYNI
俑	WCEH
勇	CELB
涌	ICEH
恿	CENU
蛹	JCEH
踊	KHCE
用	ETNH
YOU	
优	WDNN
忧	NDNN
攸	WHTY
呦	KXLN
幽	XXMK
悠	WHTN
尤	DNV
由	MHNG
犹	QTDN
邮	MBH
油	IMG
柚	SMG

疣	UDNV
莜	AWHT
莸	AQTN
铀	QMG
蚰	JMG
游	IYTB
鱿	QGDN
猷	USGD
友	DCU
有	DEF E(简码)
卣	HLNF
酉	SGD
莠	ATEB
铕	QDEG
牖	THGY
黝	LFOL
又	CCCC
右	DKF
幼	XLN
佑	WDKG
侑	WDEG
囿	LDED
宥	PDEF
诱	YTEN
蚴	JXLN
釉	TOMG
鼬	VNUM
YU	
迂	GFPK
淤	IYWU
渝	IWGJ
瘀	UYWU

于	GFK
予	CBJ
余	WTU
妤	VCBH
盂	GFLF
臾	VWI
鱼	QGF
俞	WGEJ
禺	JMHY
竽	TGFJ
舁	VAJ
娱	VKGD
狳	QTWT
谀	YVWY
馀	QNWT
渔	IQGG
萸	AVWU
隅	BJMY
雩	FFNB
嵛	MWGJ
愉	NWGJ
腴	EVWY
逾	WGEP
愚	JMHN
榆	SWGJ
瑜	GWGJ
虞	HAKD
舆	WFLW
与	GNGD
伛	WAQY
宇	PGFJ
屿	MGNG
羽	NNYG

雨	FGHY
禹	TKMY
语	YGKG
圄	LGKD
圉	LFUF
龉	HWBK
玉	GYI
驭	CCY
吁	KGFH
聿	VFHK
芋	AGFJ
妪	VAQY
饫	QNTD
育	YCEF
郁	DEBH
昱	JUF
狱	QTYD
峪	MWWK
浴	IWWK
钰	QGYY
预	CBDM
域	FAKG
欲	WWKW
谕	YWGJ
阈	UAKG
鹆	WWKG
喻	KWGJ
寓	PJMY
御	TRHB
裕	PUWK
遇	JMHP
愈	WGEN
煜	OJUG

誉	IWYF
毓	TXGQ
蜮	JAKG
豫	CBQE
燠	OTMD
YUAN	
鸢	AQYG
冤	PQKY
鸳	QBQG
渊	ITOH
元	FQB
员	KMU
园	LFQV
沅	IFQN
垣	FGJG
爰	EFTC
原	DRII
圆	LKMI
袁	FKEU
援	REFC
缘	XXEY
鼋	FQKN
塬	FDRI
源	IDRI
猿	QTFE
辕	LFKE
圜	LLGE
橼	SXXE
螈	JDRI
远	FQPV
苑	AQBB
怨	QBNU
院	BPFQ

垸	FPFQ
媛	VEFC
掾	RXEY
瑗	GEFC
愿	DRIN
YUE	
曰	JHNG
约	XQYY
月	EEEE
乐	QII
刖	EJH
岳	RGMJ
悦	NUKq
阅	UUKQ
跃	KHTD
粤	TLON
越	FHAT
YUN	
云	FCU
匀	QUD
纭	XFCY
芸	AFCU
昀	JQUG
郧	KMBH
耘	DIFC
氲	RNJL
允	CQB
陨	BKMY
殒	GQKM
孕	EBF
运	FCPI
郓	PLBH
恽	NPLH

晕	JPLJ
酝	SGFC
愠	NJLG
韫	FNHL
韵	UJQU
熨	NFIO
蕴	AXJL
ZA	
匝	AMHK
咂	KAMH
拶	RVQY
杂	VSU
砸	DAMH
咋	KTHF
ZAI	
灾	POU
甾	VLF
哉	FAKD
栽	FASI
宰	PUJ
载	FALK
崽	MLNU
再	GMFD
在	DHFD
	D(简码)
ZAN	
簪	TAQJ
咱	KTHG
昝	THJF
攒	RTFM
趱	FHTM
暂	LRJF
赞	TFQM

錾	LRQF
瓒	GTFM
ZANG	
赃	MYFG
臧	DNDT
驵	CEGG
奘	NHDD
脏	EYFG
葬	AGQA
ZAO	
遭	GMAP
糟	OGMJ
凿	OGUB
早	JHNH
枣	GMIU
蚤	CYJU
澡	IKKS
藻	AIKS
皂	RAB
唣	KRAN
造	TFKP
噪	KKKS
燥	OKKS
躁	KHKS
ZE	
则	MJH
择	RCFH
泽	ICFH
责	GMU
啧	KGMY
帻	MHGM
迮	THFP
仄	DWI
昃	JDWU
ZEI	
贼	MADT
ZEN	
怎	THFN
ZENG	
增	FULJ
憎	NULJ
缯	XULJ
罾	LULJ
锃	QKGG
甑	ULJN
赠	MULJ
ZHA	
猹	QTSG
吒	KTAN
哳	KRRH
喳	KSJG
揸	RSJG
渣	ISJG
楂	SSJG
齄	THLG
闸	ULK
铡	QMJH
眨	HTPY
砟	DTHF
乍	THFD
诈	YTHF
咤	KPTA
栅	SMMG
炸	OTHF
痄	UTHF
蚱	JTHF
榨	SPWF
ZHAI	
斋	YDMJ
摘	RUMD
宅	PTAB
翟	NWYF
窄	PWTF
债	WGMY
寨	PFJS
ZHAN	
沾	IHKG
毡	TFNK
詹	QDWY
谵	YQDY
瞻	HQDY
斩	LRH
展	NAEI
盏	GLF
崭	MLRJ
搌	RNAE
辗	LNAE
占	HKF
战	HKAT
栈	SGT
站	UHKG
绽	XPGH
湛	IADN
蘸	ASGO
ZHANG	
张	XTAY
章	UJJ
鄣	UJBH
嫜	VUJH
彰	UJET
漳	IUJH
獐	QTUJ
樟	SUJH
璋	GUJH
蟑	JUJH
仉	WMN
涨	IXTY
掌	IPKR
长	TAYI
丈	DYI
仗	WDYY
帐	MHTY
杖	SDYY
胀	ETAY
账	MTAY
障	BUJH
嶂	MUJH
幛	MHUJ
瘴	UUJK
ZHAO	
钊	QJH
招	RVKG
昭	JVKG
啁	KMFK
找	RAT
沼	IVKG
召	VKF
朝	FJEG
着	UDHF
兆	IQV
诏	YVKG
赵	FHQI
棹	SHJH
照	JVKO
罩	LHJJ
肇	YNTH
ZHE	
蜇	RRJU
遮	YAOP
哲	RRKF
辄	LBNN
蛰	RVYJ
谪	YUMD
摺	RNRG
磔	DQAS
辙	LYCT
者	FTJF
锗	QFTJ
赭	FOFJ
褶	PUNR
这	YPI P(简码)
柘	SDG
浙	IRRH
蔗	AYAO
鹧	YAOG
ZHEN	
贞	HMU
侦	WHMY
浈	IHMY
珍	GWET
真	FHWU
砧	DHKG
祯	PYHM
斟	ADWF

甄	SFGN
蓁	ADWT
榛	SDWT
箴	TDGT
臻	GCFT
诊	YWET
枕	SPQN
胗	EWET
轸	LWET
畛	LWET
疹	UWEE
缜	XFHW
稹	TFHW
圳	FKH
阵	BLH
鸩	PQQG
振	RDFE
朕	EUDY
赈	MDFE
镇	QFHW
震	FDFE
ZHENG	
争	QVHJ
征	TGHG
怔	NGHG
峥	MQVH
挣	RQVH
狰	QTQH
钲	QGHG
睁	HQVH
铮	QQVH
筝	TQVH
蒸	ABIO
拯	RBIG
整	GKIH
正	GHD
证	YGHG
诤	YQVH
郑	UDBH
帧	MHHM
政	GHTY
ZHI	
之	PPPP
支	FCU
芝	APU
吱	KFCY
枝	SFCY
卮	RGBV
知	TDKG
织	XKWY
肢	EFCY
栀	SRGB
祗	PYQY
胝	EQAY
脂	EXJG
蜘	JTDK
执	RVYY
侄	WGCF
直	FHF
值	WFHG
埴	FFHG
职	BKWY
植	SFHG
殖	GQFH
跖	KHDG
摭	RYAO
踯	KHUB
止	HHHG
旨	XJF
址	FHG
纸	XQAN
芷	AHF
祉	PYHG
咫	NYKW
指	RXJG
枳	SKWY
轵	LKWY
趾	KHHG
黹	OGUI
酯	SGXJ
至	GCFF
志	FNU
忮	NFCY
制	RMHJ
帙	MHRW
帜	MHKW
治	ICKG
炙	QOU
质	RFMI
郅	GCFB
峙	MFFY
栉	SABH
陟	BHIT
挚	RVYR
桎	SGCF
秩	TRWY
致	GCFT
贽	RVYM
轾	LGCF
掷	RUDB
痔	UFFI
窒	PWGF
鸷	RVYG
智	TDKJ
滞	IGKH
痣	UFNI
蛭	JGCF
稚	TWYG
置	LFHF
雉	TDWY
ZHONG	
中	KHK K(简码)
盅	KHLF
忠	KHNU
终	XTUY
钟	QKHH
舯	TEKH
衷	YKHE
锺	QTGF
螽	TUJJ
肿	EKHH
冢	PEYU
踵	KHTF
仲	WKHH
众	WWWU
重	TGJF
ZHOU	
州	YTYH
舟	TEI
诌	YQVG
周	MFKD
洲	IYTH
粥	XOXN
轴	LMG
碡	DGXU
肘	EFY
帚	VPMH
纣	XFY
咒	KKMB
宙	PMF
绉	XQVG
昼	NYJG
胄	MEF
荮	AXFU
皱	QVHC
酎	SGFY
骤	CBCI
ZHU	
朱	RII
侏	WRIY
诛	YRIY
邾	RIBH
洙	IRIY
茱	ARIU
株	SRIY
珠	GRIY
诸	YFTJ
猪	QTFJ
铢	QRIY
蛛	JRIY
槠	SYFJ
潴	IQTJ
竹	TTGH
竺	TFF

烛	OJY
逐	EPI
主	YGD Y(简码)
拄	RYGG
渚	IFTJ
煮	FTJO
嘱	KNTY
麈	YNJG
瞩	HNTY
伫	WPGG
住	WYGG
助	EGLN
杼	SCBH
注	IYGG
贮	MPGG
驻	CYGG
柱	SYGG
炷	OYGG
祝	PYKQ
著	AFTJ
蛀	JYGG
筑	TAMY
铸	QDTF
箸	TFTJ
翥	FTJN
倬	WHJH
ZHUA	
爪	RHYI
抓	RRHY
ZHUAI	
拽	RJXT

ZHUAN	
专	FNYI
砖	DFNY
转	LFNY
赚	MUVO
撰	RNNW
篆	TXEU
馔	QNNW
传	WFNY
ZHUANG	
妆	UVG
庄	YFD
桩	SYFG
装	UFYE
状	UDY
幢	MHUF
撞	RUJF
ZHUI	
隹	WYG
追	WNNP
骓	CWYG
椎	SWYG
锥	QWYG
坠	BWFF
缀	XCCC
惴	NMDJ
缒	XWNP
赘	GQTM
ZHUN	
谆	YYBG
准	UWYG
ZHUO	
焯	OHJH

卓	HJJ
拙	RBMH
倬	WHJH
着	UDHF
捉	RKHY
桌	HJSU
涿	IEYY
灼	OQYY
茁	ABMJ
斫	DRH
浊	IJY
浞	IKHY
诼	YEYY
酌	SGQY
啄	KEYY
琢	GEYY
禚	PYUO
擢	RNWY
濯	INWY
镯	QLQJ
ZI	
呲	KHXN
孜	BTY
兹	UXXU
咨	UQWK
姿	UQWV
赀	HXMU
资	UQWM
淄	IVLG
缁	XVLG
谘	YUQK
孳	UXXB
嵫	MUXX

滋	IUXX
粢	UQWO
辎	LVLG
觜	HXQE
锱	QVLG
龇	HWBX
髭	DEHX
籽	OBG
子	BBBB
姊	VTNT
秭	TTNT
耔	DIBG
笫	TTNT
梓	SUH
紫	HXXI
滓	IPUH
訾	HXYF
字	PBF
自	THD
恣	UQWN
渍	IGMY
眦	HHXN
ZONG	
宗	PFIU
综	XPFI
棕	SPFI
腙	EPFI
踪	KHPI
鬃	DEPI
总	UKNU
纵	XWWY
粽	OPFI

ZOU	
邹	QVBH
驺	CQVG
走	FHU
奏	DWGD
揍	RDWD
ZU	
租	TEGG
足	KHU
卒	YWWF
族	YTTD
镞	QYTD
诅	YEGG
阻	BEGG
组	XEGG
祖	PYEG
ZUAN	
躜	KHTM
缵	XTFM
纂	THDI
钻	QHKG
攥	RTHI
ZUI	
嘴	KHXE
最	JBCU
罪	LDJD
蕞	AJBC
醉	SGYF
ZUN	
尊	USGF
遵	USGP
樽	SUSF
鳟	QGUF

撙	RUSF	左	DAF	阼	BTHF	胙	ETHF
	ZUO	佐	WDAG	怍	NTHF	唑	KWWF
嘬	KJBC	作	WTHF	柞	STHF	座	YWWF
昨	JTHF	坐	WWFF	祚	PYTF	做	WDTY